U0147798

昌明文庫・悅讀人物

中華五千年
科學家評傳

崔振明　主編

前言
Preface

為了「弘揚中華當代主旋律，掀起少年國學熱旋風」，把中小學生讀物做得更全面，更適合他們積累知識、提高閱讀能力，我們傾力打造了「中華歷史名人略傳」叢書。這是我們以中華五千年國學精髓為基點，由資深教育理論專家共同參與策劃，推出的當代青少年智慧閱讀經典叢書之一。

我們中華民族自古就是禮儀之邦，青少年兒童是我們偉大文明的繼承者。青少年教育要從我做起、從現在做起，引領他們去了解、學習、發揚中華民族的文化精髓，樹立他們「遵紀守法、公平正義、誠信友愛」的思想意識，時刻宣導他們弘揚當代主旋律。特別是在新時期，構建和諧社會，樹立少年兒童的社會主義榮辱觀顯得尤其重要。

傳承中華國粹，弘揚傳統文化。傳統文化的復興必須從孩子們身上著手，培養他們「天下興亡，匹夫有責」的愛國情操；「己所不欲，勿施於人」的待人之道；吃苦耐勞、勤儉持家、尊師重教的傳統美德，中華文明才能世代相傳。

中華上下五千年的歷史，其實就是一幕幕人間的活話劇，這些名人不但用自身的人格魅力影響著歷史的進程，而且還無時無刻不將我們的華夏文明傳播四方。由此可見，如何挖掘和發揚傳統文化，古為今用，成為當代教育所面臨的重要課題。

「中華歷史名人略傳」叢書將中華上下五千年的中國歷史名人，

選擇經典代表性的人物進行了分門別類，共分為五大名家，其中包括政治家、思想家、軍事家、文學家、科學家。同時，書中將他們的思想、行為、所取得的成就及歷史評價進行了深入的剖析和解讀。

「中華歷史名人略傳」叢書，故事通俗易懂，會使讀者耳目一新，受益匪淺，一定會成為當代青少年最喜愛的教育讀本。精彩的專家品析，也一定能成為當代關心孩子教育的家長們的良師益友。

縱觀中華上下五千年的歷史，我國古代以及近現代科學家的成就和對全人類的偉大貢獻，是世人有目共睹的。他們大多數的科學發明來自於我國勞動人民的勤勞和善於發現探索的精神，中華歷史上的「四大發明」至今被世界科學界所褒揚。中華民族是個不屈不撓的民族，自從有了人類歷史，我們就成為世界科技的領航人。世界的四大科技古國，到今天為止，只有中華民族還生生不息地延續下來。隨著時代的發展，我們中華民族也必將在國際社會中創造更加非凡的成就，永遠站在人類歷史的最前沿。

本書對我國古代以及近現代科學家們所創造的重大成就進行了客觀描述，並對他們為人類做出的偉大貢獻和對歷史進程的影響做出精彩評點。《中華五千年科學家評傳》一定會成為青少年讀者一本理想的科教讀物。

編　者

2012 年 3 月

目　次

Contents

目　次

Contents

目　次

Contents

目　次

Contents

目　次

Contents

01 土木工匠祖師爺，發明創造鋳刨鋸

——魯班．春秋

生平簡介

姓　　名	公輸般。
別　　名	公輸子、公輸盤、班輸、魯般。
出 生 地	春秋時魯國（今山東滕州）。
生 卒 年	約公元前五〇七至約前四四四年。
身　　份	木工專家、古代科學家。
主要成就	發明鋸、鑽、鉋子、鏟子、曲尺，畫線用的墨斗等工具。

名家推介

魯班（約公元前507-約前444年），姓公輸，名般。又稱公輸子、魯般。春秋末期魯國人，「般」和「班」同音，人們常稱呼他魯班。魯班出身於世代工匠的家庭，從小參加過許多土木建築工程勞動，掌握了生產勞動的技能，積纍了豐富的實踐經驗。

他是我國古代著名科學家、發明家，兩千多年以來，他的名字和有關他的故事，一直在百姓中流傳，後世土木工匠們都尊稱他為「祖

師爺」。

名家故事

魯班出身在春秋末期工匠的家庭，今天，木工師傅們用的手工工具，如鋸、鑽、鉋子、鏟子、曲尺、畫線用的墨斗等，據說都是魯班發明的。每一件工具的發明，都是魯班在生產實踐中得到啟發，經過反覆研究、試驗造出來的。

相傳有一年，魯班接受了魯國國王建築一座巨大宮殿的任務。這座宮殿需要很多木料，魯班就讓徒弟們上山砍伐樹木，由於當時還沒有鋸子，他的徒弟們只好用斧頭砍伐，但這樣效率非常低，徒弟們每天起早貪黑拚命地幹，都累得筋疲力盡，也砍伐不了多少樹木，遠遠不能滿足工程的需要，使工程進度一拖再拖，眼看著工程期限越來越近，這可急壞了魯班。他決定親自上山察看砍伐樹木的情況，上山的時候，無意中抓了一把山上長的一種野草，一下子將手劃破了，魯班很奇怪，一根小草為什麼這樣鋒利？於是他摘下了一片葉子細心觀察，發現葉子兩邊長著許多小細齒，用手輕輕一摸，這些小細齒非常鋒利，他明白了，他的手就是被這些小細齒劃破的。很快魯班又發現一條大蝗蟲在草上啃吃葉子，兩顆大板牙非常鋒利，一開一闔，很快就把一大片葉子全部吞噬掉了，這同樣引起了魯班的好奇心，他抓住一隻蝗蟲，仔細觀察蝗蟲牙齒的結構，發現蝗蟲的兩顆大板牙上同樣排列著許多小細齒，蝗蟲正是靠這些小細齒來咬斷草葉的。通過這兩件事，魯班受到很大啟發，陷入了深深的思考。他想：「如果把砍伐木頭的工具做成鋸齒狀，不是同樣會很鋒利嗎？砍伐樹木也就容易多了。」於是他就用大毛竹做成一條帶有許多小鋸齒的竹片，然後到小樹上去做試驗，結果果然不錯，幾下子就把樹皮拉破了，再用力拉幾下，小樹杆就劃出一道深溝，魯班非常高興。但是由於竹片比較軟，強度比較差，不能長久使用，用了一會兒，小鋸齒就有的斷了，有的變鈍了，需要更換竹片，這樣就影響了砍伐樹木的速度，看來竹片不宜作為製做鋸齒的材料，應該尋找一種強度、硬度都比較高的材料來代替，這時魯班想到了鐵片。於是他帶著徒弟們立即下山，請鐵匠們幫助製作帶有小鋸齒的鐵片，然後到山上繼續實踐。魯班和徒弟各拉一端，在一棵樹上拉了起來，只見他倆一來一往，不一會兒就把樹鋸斷了，又快又省力，鋸就這樣發明了。

魯班是個木匠，使用斧頭砍木料的技術很高，但是用斧子把木料砍得又平又光還是很難的。為此，魯班又做了一把薄斧子，磨得很快，砍起來比以前好多了，可還不理想。一次，魯班見農人用耙子把地耙得很平，他從中受到啟發，回家便製了一把平刃平面的刀，上面蓋了塊鐵片，這回魯班不砍了，他用這把刀在木料上推。一推，木料推下來薄薄一層木片，推了十幾下，木頭的表面又平整又光滑，比過去用斧頭砍強多了，可這東西拿在手裏推時既卡手又使不上勁，魯班又做了一個木座，把窄刀裝在裏面，鉋子就這樣誕生了。

魯班常年四處奔波，給人幹活。這一天，他忙了一天，坐下來休息等東家做飯吃。但見這家人拿來麥子，放在石臼裏，用沉重的石杵去搗，搗麥的人累得滿頭大汗，才搗碎了很少一點。因為麥粒是橢圓的，用勁小了，砸不碎；勁大了，又把麥粒砸跑了，真是有勁也使不上。魯班看在眼裏，開始琢磨改進這種笨重的搗麥方法。

有一天，魯班來到另一個地方幹活，恰巧看到一個老太婆搗麥子，老太婆年歲大了，舉不起石杵了，她扶著石杵，在石臼裏研著麥粒，魯班走過去一看，石臼裏的麥粒有不少已經磨成了粉。魯班回到家，他找來兩塊大石頭，把石料鑿成兩個大圓盤，又在每個圓盤的一面鑿出一道道槽，其中的一個大石盤，上面鑿個洞，並安上木把，將兩個石圓盤摞在一起，鑿槽的兩面相合，中心裝了個軸。他在圓盤的中間洞上放麥子，然後轉動上面的石盤，麥粒從洞眼漏進兩個石盤之間，很快從兩石盤縫裏轉出來變成麵粉。這就是兩千多年來，在我國農村曾經廣泛使用過的石磨。

魯班的發明創造還有很多，這些發明都集中體現出了我國古代勞動人民的智慧，後代的人們把魯班看成勤勞與智慧的象徵。

專家品析

在魯班之前，肯定會有不少人遇到過手被野草劃破的類似情況，為什麼單單只有魯班從中受到啟發，發明了鋸，這無疑值得我們思考。大多數人只是認為這是一樁生活小事，不值得一提，他們往往在治好傷口以後就把這件事忘掉了，而魯班卻有比較強烈的好奇心和正確的想法，很注意對生活當中一些微小事件的觀察、思考和鑽研，從中找到解決問題的方法和思路，甚至獲得某些創造性發明。

從魯班這些來自於生活中的發明創造，我們得出一個深刻的道理：留意生活中許多不起眼的小事，勤於思考，一定會增長許多智慧。

科學成就

魯班的發明創造有多種，主要有：機封、農業機具、木工工具、鎖鑰、兵器、仿生機械、雕刻、土木建築。

02 中醫診脈先河開，醫術高超神醫來

——扁鵲．春秋

生平簡介

姓　　名　秦越人。

別　　名　扁鵲。

出 生 地　勃海郡縣（今河北任丘）。

生 卒 年　公元前四〇七至前三一〇年。

身　　份　中醫學家。

主要成就　創造並總結四診：望診、聞診、問診和切診。

名家推介

扁鵲（公元前 407-前 310 年），姬姓，春秋戰國時期名醫，勃海郡鄭（今河北任丘）人。由於他的醫術高超，被當世稱為「神醫」。扁鵲精於內科、外科、婦科、兒科、五官科等學科，應用砭刺、針灸、按摩、湯液、熱熨等方法治療疾病而名聞天下。

扁鵲一生創有：《難經》，四診法（望、聞、問、切），奠定了中醫學的切脈診斷方法，開啟了中醫學的先河。扁鵲被公認為中國傳統醫學的鼻祖，中醫理論的奠基人。

名家故事

扁鵲年輕的時候在鄉下開過旅店，是個小老闆。當時在他的旅店裏有一位長住的客人叫長桑君，倆人投緣，感情融洽。長期交往以後，長桑君終於對扁鵲說：「我掌握著一些秘方驗方，現在我歲數大了，想把這些醫術及秘方傳授給你，希望你保守秘密，不可外傳。」扁鵲十分欣喜，當場拜長桑君為師，繼承了他的醫術。

醫術學成後，扁鵲開始行醫民間，他的足跡遍及當時的齊、趙、衛、鄭、秦各國。扁鵲技術十分全面，無所不通，為此聲名大振。

扁鵲在診視疾病中，全面應用中醫診斷技術，即四診：望診、聞診、問診和切診，當時扁鵲稱它們為望色、聽聲、寫影和切脈。這些診斷技術，以及關於扁鵲的一些治病案例均被後人寫入史書典籍。這些技術中，扁鵲尤其精於望色，即通過望色判斷病證及其病程演變過程。

一天，晉國的大夫趙簡子病了，五日五夜不省人事，眾人十分害怕，於是喊來扁鵲，扁鵲看了以後說：「大夫趙簡子血脈正常，沒什麼可怕的，不會超過三天就一定能醒。」果然，到了兩天半的時候，他醒了。

有一次，扁鵲路過虢國，看到這個國家的老百姓都在祈福消災，就問，發生了什麼事情？有人告訴扁鵲說：「太子死了，到現在已經大半天了。」扁鵲趕忙向宮裏的人了解情況，掌握詳細訊息後，扁鵲認為太子患的只是一種突然昏倒的「屍厥」症，並不是真的死了，便說自己是醫生並央請宮裏的人帶他去給太子察看診治。見到太子後，他越發覺得自己的判斷是正確的，太子只是暫時不省人事，於是他讓弟子磨研針石，刺百會穴，又做了藥力能入體五分的湯藥，用完藥後太子竟然坐了起來，和常人無異。繼續調補陰陽，兩天以後，太子完全恢復了。從此，天下人傳言扁鵲能「起死回生」，但扁鵲卻否認說：「我並不能救活死人，只不過能把應當能活的人的病治癒罷了。」

還有一次，扁鵲來到蔡國，蔡桓公知道他聲望很大，便宴請扁鵲，他見到蔡桓公以後說：「君王有病，就在肌膚之間，不治會加重的。」蔡桓公很不高興，非常不相信扁鵲的話，就將扁鵲轟出宮去。五天後，扁鵲又去見蔡桓公，說道：「大王的病已到了血脈，不治會加深的。」蔡桓公仍然不信，而且更加不高興了。又過了五天，扁鵲再次去見蔡桓公時說：「病已到腸胃，不治會更重的。」蔡桓公萬分惱怒，因為他根本不喜歡別人說他有病。五天的時間很快又過去了，這次，扁鵲一見到蔡桓公，就急忙跑開了，蔡桓公十分納悶，就派人去問，扁鵲說：「病在肌膚之間時，可用醫藥治癒；在血脈，可用針刺、砭石的方法達到治療效果；在腸胃裏時，借助酒的力量也能達到；可病到了骨髓，就無法治療了，現在大王的病已在骨髓，我無能為力了。」果然，五天後，蔡桓公身患重病，忙派人去找扁鵲，扁鵲早已躲走了。就這樣，不久後蔡桓公不治身亡。

扁鵲在長期的行醫過程中牢記師傅叮囑的行醫「六不治」原則，即：依仗權勢、驕橫跋扈的人不治；貪圖錢財、不顧性命的人不治；暴飲暴食、飲食無常的人不治；病深不早求醫的人不治；身體虛弱不能服藥的人不治；相信巫術不相信醫道的人不治。

除此以外，扁鵲還是一位樸素的唯物主義者，一生堅持與巫醫巫神作鬥爭，每到一處，他都向人們宣傳科學思想，勸導人們信醫不信巫，以免枉送性命。由於醫德高尚、醫術超群、醫技精湛，他遭到了當時身為秦國太醫令李醯的妒忌。

當時，秦武王有病，召請名聞天下的扁鵲來治。一天，太醫令李醯和一班文武大臣趕忙出來勸阻，說大王的病處於耳朵之前、眼睛之下，扁鵲未必能除，萬一出了差錯，將使耳不聰、目不明。扁鵲聽了氣得把治病用的砭石一摔，對秦武王說：「大王同我商量好了治病，卻又允許一班蠢人從中搗亂，假使你也這樣來治理國政，那你一定就會亡國！」結果太醫令李醯治不好的病，到了扁鵲手裏，秦武王化險為夷。在這場技術高低的較量上，扁鵲徹底戰勝了李醯。李醯自知不如扁鵲，就產生嫉妒之心，使人暗下毒手，殺害了扁鵲。

千百年來，扁鵲深為百姓們所愛戴和崇敬，人們稱他為能「起死回生」的神醫。在他行醫經過的共約四千里的路途上，歷代老百姓為他建陵墓、立碑石、築廟宇、奉香火。

專家品析

扁鵲治療疾病綜合運用了我國診病的「四診」原則，即望、聞、問、切。在治療上，扁鵲不滿足於一技一法，而是根據客觀實際需要，精通一科，兼融百科，做到一專多能。

扁鵲的醫學經驗，在我國醫學史上佔有承前啟後的重要地位，對我國醫學發展有較大的影響。因此，醫學界歷來把扁鵲尊為我國古代醫學的祖師，說他是「中國的醫聖」、「古代醫學的奠基者」。《中國通史簡編》稱他是「醫學總結經驗的第一人」。

科學成就

扁鵲不僅精通內科，還兼通兒科、婦科、五官科、外科；他在診斷上，不僅精通「切脈」，而且善於「望色、聽聲、寫形」；在治法上，不僅精通針灸，還善於用砭石、熨貼、按摩、手術、湯藥等治療各種疾病。

03 力學研究奠根基，機械製造啟後人

——墨子．戰國

生平簡介

姓　　名	墨翟。
別　　名	墨子。
出 生 地	今山東滕州境內。
生 卒 年	約公元前四六八至約前三七六年。
身　　份	思想家、教育家、科學家、墨家學派創始人。
主要成就	創立了以幾何學、物理學、光學為突出成就的一整套科學理論，著有《墨子》。

名家推介

墨子（約公元前 468-約前 376 年），姓墨，名翟，戰國時期著名思想家、政治家、軍事家、社會活動家，墨家學派的創始人，也是先秦諸子中唯一的自然科學發明家。

他創立墨家學說，並有《墨子》一書傳於後世。墨子的科學造詣之深，成就之大，在古代中國乃至世界無人匹敵。

名家故事

墨子出生在一個以木工為謀生手段的手工業者家庭，當時的社會是工匠處於官府的嚴格控制之下，隸屬和服務於官府，社會地位十分低下，而當時的工匠是世襲的，因此墨子從小就承襲了木工製作技術。他的聰明巧思，使他成為一名高明的工匠師和傑出的機械製造家，為他後來的科學研究和社會活動奠定了良好的基礎。他精通手工技藝，可與當時的巧匠魯班相比。

墨子是中國歷史上第一個從理性高度對待數學問題的科學家，他給出了一系列數學概念的命題和定義，這些命題和定義都具有高度的抽象性和嚴密性。墨子所給出的數學概念主要有：關於「倍」的定義、關於「平」的定義、關於「同長」的定義、關於「中」的定義、關於「圓」的定義、關於正方形的定義、關於直線的定義等。此外，墨子還對十進位制進行了論述。中國早在商代就已經比較普遍地應用了十進位記數法，墨子是對位制概念進行總結和闡述的第一個科學家。

墨子關於物理學的研究涉及力學、光學、聲學等分支，給出了不少物理學概念的定義，並有不少重大的發現，總結出了一些重要的物理學定理。首先，墨子給出了力的定義，接著，墨子又給出了「動」與「止」的定義。他認為「動」是由於力推送的緣故，意思是物體運動的停止來自於阻力阻抗的作用，如果沒有阻力的話，物體會永遠運動下去。這樣的觀點，被認為是牛頓慣性定律的先驅，比同時代全世界的思想超出了一千多年，也是物理學誕生和發展的標誌。關於槓桿定理，墨子也作出了精闢的表述。他指出，稱重物時秤桿之所以會平衡，原因是「本」短「標」長。用現代的科學語言來說，「本」即為重臂，「標」即為力臂，寫成力學公式就是力×力臂（「標」）＝重×重臂（「本」）。現在人們一般都習慣於把槓桿定理稱為阿基米德定理，其實墨子得出槓桿定理比阿基米德早了二百年，應稱之為墨子定理才是公允的。此外，墨子還對槓桿、斜面、重心、滾動摩擦等力學問題進行了一系列的研究。

在光學史上，墨子是第一個進行光學實驗，並對幾何光學進行系統研究的科學家。墨子首先探討了光與影的關係，他細緻地觀察了運動物體影像的變化規律。也就是說，運動著的物體從表觀看它的影也是隨著物體在運動的，其實這是一種錯覺。隨之，墨子又探討了物體的本影和副影的問題。接著，墨子又進行了小孔成像的實驗，他明確指出，光是直線傳播的，物體通過小孔所形成的像是倒像。特別可貴的是，墨子對平面鏡、凹面鏡、凸面鏡等進行了相當系統的研究，得出了幾何光學的一系列基本原理。他指出，平面鏡所形成的是大小相同、遠近對稱的像，但卻左右倒換。如果是兩個或多個平面鏡相向而照射，則會出現重複反射，形成無數的像。凹面鏡形成的像是正像，在「中」之內，距「中」遠成的像大，距「中」近成的像小，在「中」處則像與物一樣大；在「中」之外，則形成的是倒像，近「中」像大，遠「中」像小。凸面鏡則只形成正像，近鏡象大，遠鏡象小。這裏的「中」為球面鏡的球心，墨子雖尚未能區分球心與焦點的差別，把球心與焦點混淆在一起，但他的結論與近現代球面鏡成像原理還是基本相符的。

墨子還對聲音的傳播進行過研究，發現井和罌（大腹小口的瓦器）有放大聲音的作用，儘管當時墨子還不可能明瞭聲音共振的機理，但這個事例卻蘊涵有豐富的科學內涵。

墨子是一個精通機械製造的大家，在阻止楚國進攻宋國時與公輸般進行的攻防演練中，已充分地體現了他在這方面的才能和造詣。他曾花費了三年的時間，精心研製出一種能夠飛行的木鳥。他又是一個製造車輛的能手，可以在不到一日的時間內造出載重三十石的車子，他所造的車子運行迅速又省力，且經久耐用，為當時的人們所讚賞。

值得指出的是，墨子幾乎諳熟了當時各種兵器、機械和工程建築的製造技術，並有不少創造。在《墨子》一書中的「備城門」、「備水」、「備穴」、「備蛾」、「迎敵祠」、「雜守」等篇中，他詳細地介紹和闡述了城門的懸門結構，城門和城內外各種防禦設施的構造，弩、桔槔和各種攻守器械的製造工藝，以及水道和地道的構築技術，他所論及的這些器械和設施，對後世的軍事活動有著很大的影響。

專家品析

墨子本身不但是一位手藝高明的匠師，而且他還深入到科學領域，做了一系列的科學研究和科學實驗工作，取得了許多重大的成就。

同時，墨子重視科學技術並不是為科學而科學，他把科學技術與自己的政治主張緊密地聯繫起來，用科技知識來充實和豐富自己的學說，並以此作為興利除害的有力武器，為自己的政治主張服務。

科學成就

墨子在先秦時期創立了以幾何學、物理學、光學為突出成就的一整套科學理論。墨子關於物理學的研究涉及了力學、光學、聲學等分支，給出了不少物理學概念的定義，並有不少重大的發現，總結出了一些重要的物理學定理。墨子學說在當時影響很大，與儒家並稱「顯學」。

04 都江堰水利工程，澤後世萬代彪炳

——李冰·戰國

生平簡介

姓　名	李冰。
別　名	川主。
出生地	戰國時期蜀國。
生卒年	不詳。
身　份	科學家、水利專家。
主要成就	主持修建都江堰。

名家推介

李冰，生平年代不詳，他是戰國時期蜀國人，古代著名的水利學家，對天文地理也有研究。

秦昭襄王末年（約公元前256-前251年），李冰做蜀地郡守，在今四川省都江堰市岷江出山口處，主持興建了中國早期的世界聞名的灌溉工程都江堰，因而使川西平原富庶起來，後世才有了「天府之國」的美稱。

名家故事

我國的四川省，一向有「天府之國」的美稱，這與李冰父子率領民眾修築的偉大水利工程都江堰有著密切的關係。

兩千多年前的戰國時期，四川西部稱為蜀國。當時那裡水旱災害連年發生，旱則赤地千里，澇則一片汪洋，使老百姓「家無隔夜糧，身無禦寒衣」。公元前三一六年，日益強盛的秦國滅掉了蜀國，改為蜀郡，秦昭王在約公元前二五〇年任命李冰為蜀郡守。

李冰到蜀郡後，親眼見到當地嚴重的水旱災情，又聽到百姓要求治水的強烈呼聲，認識到治蜀必治水，因此，李冰到任不久就著手進行大規模的治水工作。

岷江是長江上游的一條較大的支流，發源於四川北部高山地區，每當春夏山洪暴發的時候，江水奔騰而下，從灌縣進入成都平原，由於河道狹窄，常常引發洪災，洪水一退，又是沙石千里，而灌縣岷江東岸的玉壘山又阻礙江水東流，造成東旱西澇。

首先，李冰父子邀集了許多有治水經驗的農民，對地形和水情作了實地勘察，並在充分吸取前人治水經驗的基礎上，設計了修建都江堰水利工程的整體規劃，其方法是將岷江水流分成兩條，其中一條水流引入成都平原，這樣既可以分洪減災，又可以引水灌田、變害為利。主體工程包括魚嘴分水堤、飛沙堰溢洪道和寶瓶口進水口。

引水必先開渠，開渠就要開山，李冰父子決心鑿穿玉壘山引水。由於當時還未發明火藥，李冰便以火燒石，使岩石爆裂，終於在玉壘山鑿出了一個寬二十公尺、高四十公尺、長八十公尺的山口，因它的形狀酷似瓶口，故取名為「寶瓶口」，把開鑿玉壘山分離的石堆叫「離堆」。

玉壘山開鑿成功了，人們歡欣鼓舞。等洪水到來時，成千上萬的人跑到山頂上觀望，李冰也在其中。他發現寶瓶口地勢高，流入寶瓶口的水量不多，雖然起到了分流和灌溉的作用，但因江東地勢較高，灌溉效果很不理想，於是李冰父子又率領民眾在離玉壘山不遠的岷江上游和江心築分水堰，用裝滿卵石的大竹籠放在江心堆成一個形如魚嘴的狹長的分水大堰。

在大堰東邊水道的水，流經寶瓶口後，再分成許多大小溝渠、河道，組成一個縱橫交錯的扇形水網，灌溉成都平原的千里農田，最後通向長江的另一條支流沱江，人們稱它為內江。大堰前端伸出一個尖頭，指向岷江上游，遠望好像一個大魚頭，取名為「魚嘴」。大堰兩側壘砌了大卵石護堤，靠內江的一側稱為「內金剛堤」；靠外江的一側稱為「外金剛堤」。大堰築成以後，從根本上消除了岷江流域的水旱災害，這裏的人們都可以安居樂業了。李冰給大堰起名叫「都安堰」，後來改稱「都江堰」。

為了加強大堰的分洪減災作用，李冰又指導民眾在魚嘴和離堆之間修建了「平水槽」和「飛沙堰」。平水槽是在魚嘴的尾部和飛沙堰之間用以調節內、外江水量的一條水道。飛沙堰在寶瓶口對面，它是用竹籠裝鵝卵石堆砌成的低堰，堰頂比堤岸低一些，高度適宜。洪水季節內江水量過大時，過剩的水可以漫過飛沙堰流到外江去，保障了內江灌溉區免遭水災。

都江堰整個水利工程是由分水魚嘴、寶瓶口和飛沙堰三個主要工程組成的。它的規模宏大、地點適宜、佈局合理，工程規劃相當完善。分水魚嘴、飛沙堰和寶瓶口聯合運用，能按著灌溉防洪的需要，分配洪水季節和枯水季節的水流量。李冰還讓石匠做石人立在內、外江的進水口中，用來觀測水位，石人是起著測水尺規的作用。

按現代水利工程的原理看，飛沙堰有滾水壩的作用，寶瓶口有節制閘的功能，成功地運用了堰流原理，控制分水流量，這是我國歷史上第一次採用中流作堰的宏偉水利工程。

都江堰是把防洪與灌溉結合起來的綜合性大型水利工程，李冰認為要徹底消除岷江的水患，還必須解決泥沙沉積淤塞河床的問題。於是又制定出科學的「深淘灘、低作堰」的歲修原則和歲修方法，人們稱之為治水的三字經或六字訣，後人將這六字刻在為紀念李冰父子而建的二王廟的石壁上，很是醒目。

都江堰雖然修建於兩千多年前，可是它的規劃、設計和施工方法都具有高度的科學性和創造性，在中國古代許多宏偉的水利工程中首屈一指，在世界上也是罕見的奇跡。由此，可以看出李冰是我國古代一位掌握了豐富的科學知識，以科學的態度和方法，在實踐中經過千辛萬苦的努力而造福於人類的傑出的水利專家。

專家品析

李冰興建的都江堰水利工程，歷經兩千兩百多年而不衰，它是中國古代歷史上最成功的水利傑作，與它興建時間大致相同的古埃及和古巴比倫的灌溉系統，以及中國陝西的鄭國渠和廣西的靈渠，都因滄海變遷和時間的推移，或湮沒、或失效，唯有都江堰獨樹一幟。

都江堰是全世界迄今為止僅存的一項偉大的「生態工程」，它開創了中國古代水利史上的新紀元，標誌著中國水利史進入了一個新階段，在世界水利史上佔有重要地位。

科學成就

兩千多年前，都江堰取得這樣偉大的科學成就，世界絕無僅有，至今仍是世界水利工程的最佳作品。德國地理學家李希霍芬稱讚「都江堰灌溉方法之完善，世界各地無與倫比」。

05 三統曆譜世公認，周三徑一成啟蒙

——劉歆．西漢

生平簡介

姓　　名	劉歆。
別　　名	劉秀。
出 生 地	沛（今江蘇沛縣）。
生 卒 年	約公元前五〇至二十三年。
身　　份	科學家、經學家、目錄學家。
主要成就	編制《三統曆譜》，著有《七略》。

名家推介

劉歆（約公元前 50-23 年），字子駿，西漢末年人，西漢後期的著名學者、天文學家。他不僅在儒學上很有造詣，而且在目錄校勘學、天文曆法學、史學、詩歌等方面都堪稱大家。

他編制的《三統曆譜》被認為是世界上最早的天文年曆的雛形。此外，他在圓周率的計算上也有貢獻，他是第一個不沿用「周三徑一」的中國人，並定圓周率這個重要常數為三點一五四七，只與後來的圓周率略偏差了零點零一三一。

名家故事

劉歆的生年，歷史上沒有明確記載。他是劉向的第三子，父親劉向不但是西漢皇室宗親而且還是當時的知名學者，博通經史，天文學方面也造詣很深，曾在朝廷中做過官。劉歆生長在這樣一個學術氣氛很濃的書香門第，很小的時候就開始讀書，他非凡的才華逐漸顯露了出來。少年時代，他已精通《詩經》、《尚書》等當時被認為是最古老、最經典的書籍。當時的西漢皇帝是成帝，他聽說劉歆小小年紀就學識淵博，特意召見他，讓他做黃門郎，這是劉歆走上天文學研究的第一步。

西漢河平年間，皇帝命令劉歆和他的父親一同負責整理校訂國家收藏的書籍，這使劉歆有機會接觸到當時皇家的各種稀見之書。劉歆擁有這些皇室典藏，如饑似渴地鑽研起來。建平元年，劉歆的父親劉向去世，皇帝任命劉歆為中壘校尉，統領校書工作，以完成他父親的未完成的事業。

漢成帝死後，漢哀帝繼位，劉歆負責總校群書，在劉向撰的《別錄》基礎上，修訂成為中國歷史上第一部圖書分類目錄《七略》。自西漢晚期開始，古文經學的振興是與劉歆的積極宣導分不開的。他在長期校理書籍的過程中，接觸到大批外人無法看到的古文經籍，從而產生了濃厚的研究興趣，並做出了空前的成績。具體說來，有以下幾點。

第一，重新排列了六藝的次序，把《易》經提到首要的地位；第二，首次披露了《古文尚書》和《逸禮》的來歷，將秘藏的古文經本傳出內朝，使更多的士人有機會學習；第三，首次把《毛詩》歸於古文經典。

漢哀帝後期，西漢王朝的統治權逐漸落入外戚王莽手中。劉歆曾與王莽共過事，二人關係十分密切。王莽推舉他做了侍中太中大夫，此後又逐漸升為騎都尉奉車光祿大夫，成為顯赫的人物。後來因為和朝中官員政見不合，請求外任。漢哀帝死後，王莽便任命劉歆為右曹太中大夫，很快又提升為羲和京兆尹，並封為天文官，專門從事天文的研究工作。

劉歆任天文官時，做了一項很重要的天文工作，這就是編制了三統曆，他對天文學的貢獻都記載在三統曆之中。三統曆是根據太初曆改編的，其中加入了許多新的內容。太初曆是漢初天文學家鄧平、落下閎等人編制的，從太初元年一直使用到西漢末年。劉歆系統地敘述了太初曆的內容，又補充了很多原來簡略的天文學知識，並仔細分析考證了上古以來的天文文獻和天文記錄，寫成了《三統曆譜》。《三統曆譜》是我國古代流傳下來的一部完整的天文學著作，它的內容有編制曆法的理論，有節氣、朔望、月食以及五星等的常數和位置的推算方法，還有基本的恆星位置資料。可以說，它包含了現代天文年曆的基本內容，因而《三統曆譜》被認為是世界上最早的天文年曆的雛形。

三統曆在中國天文學史上，首次提出了歲星超辰的計算方法。我國在春秋時代已經發現了歲星超辰問題，但是沒有提出超辰計算法。劉歆分析了《左傳》等史書中關於歲星位置的記載，提出了歲星每一百四十四年超辰一次，數值雖然並不準確，但這是歷史上第一個用科學的態度探索歲星超辰規律的十分寶貴的嘗試，為在思想上實現天文學從神學向科學的偉大轉變奠定了堅實的基礎。

劉歆還是中國古代第一個提出接近正確的交食周期的天文學家。交食包括日食和月食。交食周期的最早記載，是在司馬遷的《史記》

中，但由於可能是某些數字的錯亂，現在很難確定它的周期值。劉歆堅信日月食都是有規律可循的自然現象，他通過分析各種書上的月食記載，提出了一百三十五個朔望月有二十三次交食的交食周期值。

劉歆還在《三統曆譜》中對上古年代做了排比，引經據典，數值雖然不太精密，但這種方法是他的獨創。此外，他在圓周率的計算上也有貢獻，他是第一個不沿用「周三徑一」的中國人，並定該重要常數為三點一五四七，只略為偏差了零點零一三一。劉歆除了對天文學有重大貢獻外，對於中國古代書籍的分類整理和史學研究都是功不可沒的。

劉歆的著作大多已亡散，他的《移讓太常博士書》今保存在《漢書・劉歆傳》中；《七略》基本保存在《漢書・藝文志》中；《三統曆譜》在《漢書・律曆志》中也尚存梗概。此外如《爾雅注》、《鐘律書》等均佚。

專家品析

劉歆在劉向編纂《別錄》的基礎上進一步加工，編成的《七略》，是中國第一部圖書分類目錄，是具有學術史價值的著作。《七略》對每種每類都加小序，說明其學術源流、類別含義等，成為中國目錄書的典範。還著有《三統曆譜》，造有圓柱形的標準量器，根據量器的銘文計算，所用圓周率是三點一五四七，世稱「劉歆率」。

章太炎說：「孔子以後的最大人物是劉歆。」劉歆也堪稱為「學術界的大偉人」，劉歆的卓越學識確實是為古今學者所讚譽的，後人將他稱為「古學鼻祖」。

科學成就

一、完成了大規模圖書整理編目工作，創造出一整套科學的方法，並建立了第一個國家圖書館，使一批先秦經書免於流失，校勘、辨偽、考據圖書等學問從此開始產生。

二、天文上的成就是編制了《三統曆譜》並首次提出了歲星超辰的計算方法。

06 古代科學一鉅子，世上難尋第二人

——張衡．東漢

生平簡介

姓　名	張衡。
字	平子。
出生地	河南南陽。
生卒年	七十八至一三九年。
身　份	科學家、文學家。
主要成就	著《靈憲》、發明地動儀、渾天儀。

名家推介

張衡（78-139 年），字平子，漢族，南陽西鄂（今河南南陽市石橋鎮）人，我國東漢時期偉大的天文學家、數學家、發明家、地理學家、製圖學家、文學家。

他官至尚書，為我國天文學、機械技術、地震學的發展做出了不可磨滅的貢獻。由於他在天文學的傑出貢獻，聯合國天文組織將太陽系中的一千八百零二號小行星命名為「張衡星」。

名家故事

少年時代的張衡，非常喜愛讀書，凡是能夠到手的書籍，不論是經書，還是文史、自然科學方面的圖書，無不細細研讀。除了讀書，這個沉穩的孩子還有一個特殊的愛好——觀察星空。每當夜幕降臨、萬籟俱寂之時，小張衡常坐在院裏，癡癡地抬頭仰望天空，一動不動。

時光荏苒，在浩瀚的書海和有趣的觀察實驗之中，張衡不知不覺度過了他的少年時代。十七歲的張衡，身材挺拔，面目清秀，加之滿腹才學，儼然是一個風度翩翩的英俊才子，在四里八鄉享有很高的聲譽。這個沉默寡言的年輕人，夢寐以求的是「讀萬卷書，行萬里路」，增廣見聞，擴大知識範圍。所以，他毫不猶豫地拒絕了官員舉薦他為秀才的好意，離開生活的故鄉，踏上了外出遊歷的旅途。

公元九五年，張衡來到京都洛陽。他一面到當時的最高學府——太學裏聽講，向一些有名望的學者請教，一面以文會友，結識了許多志向遠大、學識淵博的年輕學子。他們研究數學、天文、曆法等，每每有自己獨到的見解，令一些老前輩自愧不如。

公元一一一年，漢安帝向天下廣招人才。在京城任職的鮑德，向朝廷舉薦了張衡，張衡再三推辭，無奈他「通五經、貫六藝」的大名早已為漢安帝所知。安帝便親自頒旨，任命張衡為太史令，主管天文曆法，預報天象氣候。

關於天體，當時人們還停留在初步認識的階段，最流行的觀點有二：其一「蓋天說」的人認為，大地是平的，天像一隻巨大的碗，反扣在大地上面；其二「渾天說」的人卻主張，大地就好比是蛋黃，天像蛋殼似的包在地的外面。張衡是堅定的「渾天說」派，為進一步證實自己的觀點，他利用職務帶來的得天獨厚的研究條件，決定製造一個天體模型，把天地的構造以及日月星辰的運行情況，都用儀器顯示出來，這樣，就能直觀而形象地說明那些複雜的天文現象了。

在張衡的帶領下，下屬們把天上的星星分成幾個區，一顆一顆地數，就這樣，他們硬是數出了二千五百顆星星，在觀測過程中，張衡對照實際，對天球圖做了反覆的修改，直到認為準確無誤了，這才動手設計製造天體模型。

轉眼間一年過去了，這一年中張衡沒日沒夜地設計、製作、實驗、改進。功夫不負有心人，天體模型終於製造出來了：那是一個銅鑄的球體，裝在一個傾斜的軸上，可以旋轉，樣子和今天的地球儀大致相仿，球面上刻著南北兩極、經度緯度、赤道黃道及日月星辰，還有一個表示地平線的環。如果把銅球由西向東撥動一下，刻在上面的星辰便從東方升起，又從西邊落下，和實際情形相差無幾。張衡立刻叫人把渾天儀安裝在靈臺的一間房屋裏，又在屋頂安放了一隻特大的漏壺（古代計時的工具）。這漏壺的壺嘴，是一條精雕細刻的玉龍，龍嘴裏不斷往外噴水，水衝動水輪，水輪帶動齒輪，齒輪又連著渾天儀上的銅軸，這樣，渾天儀就可以自動旋轉了。由於水流量計算得非常精確，所以渾天儀正好一晝夜轉一圈。這個天體模型，被張衡命名為「渾天儀」，它是世界上第一臺能夠比較準確地反映天象的儀器。

渾天儀的發明，不僅相當準確地反映了天象，使堅持「蓋天論」的人改變了主張，心悅誠服，而且震動了整個學術界，被譽為「學術上罕見的奇跡」。

成功往往特別垂青那些在科學的崎嶇小路上不畏險阻、勇於攀登的人。就在張衡「渾天儀」研製成功一年後，一次地震又將張衡推向了科學的高峰。在嚴峻的震災面前，張衡深深地思索著：既然造成地震的原因暫時還摸不透，那麼能不能製造出一種能夠預報地震的儀器，那至少也會使人們避免更大的傷亡。

又是無數個忙碌的日日夜夜，張衡被這個世上從未有過的地震儀器迷得廢寢忘食，終於在公元一三二年，他五十四歲的時候，造成了世界上第一臺能測報地震的地動儀。

公元一三八年的一天，靈臺的值班員忽聞地動儀「噹」地響了一聲，忙跑過去一看，原來是西北方向的那條龍頭吐出銅丸，落在蟾蜍口中。過了幾天，就在眾官員還在大肆挖苦張衡和他的地動儀時，信使飛馬趕到朝廷，報告說隴西地區前幾日發生強烈地震。隴西正好位於洛陽西北，相距千餘里，地動儀能精確靈敏地預報那裏的地震，真令人不得不歎服。

為科學事業奮鬥終身的張衡，晚年心力交瘁，體弱多病。公元一三九年，這位人類史上罕見的偉大科學家終於永遠地離開了他魂縈夢繞的事業，終年六十二歲。

專家品析

一個人的一生，能創造出世界上第一臺渾天儀、第一臺地動儀，僅這兩個「世界第一」就足以使他名垂科學史冊。然而張衡一生的貢獻還遠遠不止於此，在數學領域，在文學領域，以至在藝術領域，無不留下了他閃光的業績，這不僅是張衡光輝人格的真實寫照，也是後來者勉勵自己奮發成才的座右銘。

英國科學史家李約瑟感慨地說：「中國的這些發明和發現往往遠遠超過同時代的歐洲，特別是在十五世紀之前更是如此。」

科學成就

張衡的成就涉及天文學、地震學、機械技術、數學乃至文學藝術等許多領域。張衡在天文學方面有兩項最重要的工作，著《靈憲》和製作渾天儀。《靈憲》是張衡有關天文學的一部代表作，全面體現了張衡在天文學上的成就和造詣。

07 傷寒雜病論著傳，六經辯證治療源

——張仲景．東漢

生平簡介

姓　　名　張仲景。

別　　名　張機。

出 生 地　南陽郡涅陽。

生 卒 年　約一五〇年或一五四至約二一五年或二一九年。

身　　份　醫學家。

主要成就　寫出傳世巨著《傷寒雜病論》。

名家推介

張仲景（約 150 或 154-約 215 或 219 年），漢族，河南南陽人，東漢末年著名醫學家，被稱為「醫聖」。

張仲景廣泛收集醫方，寫出了傳世巨著《傷寒雜病論》。《傷寒雜病論》是中國第一部從理論到實踐、確立辯證論治法則的醫學專著，是中國醫學史上影響最大的著作之一，是後代學者研習中醫必備的經典著作，廣泛受到醫學生和臨床大夫的重視。

名家故事

張仲景出生在沒落的官僚家庭，父親張宗漢是個讀書人，在朝廷做官。家庭的特殊條件，使他從小有機會接觸到許多典籍。漢桓帝延熹四年，他十歲左右時，就拜同郡名醫張伯祖為師，開始學習醫術。在學習中，張仲景博覽醫書，廣泛吸收各醫家的經驗用於臨床診斷，進步很大，很快便成了一個有名氣的醫生，以至「青出於藍而勝於藍」，超過了他的老師。

現在中醫看病，都非常重視「辯證施治」。但在張仲景之前，尚未形成系統完整的一套臨床方法。有一次，兩個病人同時來找張仲景看病，都說頭痛、發燒、咳嗽、鼻塞。經過詢問，原來二人都淋了一場大雨。張仲景給他們切了脈，確診為感冒，並給他們各開了劑量相同的麻黃湯，發汗解熱。第二天，一個病人的家屬早早就跑來找張仲景，說病人服了藥以後，出了一身大汗，但頭痛得比昨天更厲害了。張仲景聽後很納悶兒，以為自己診斷出了差錯，趕緊跑到另一個病人家裏去探望。病人說服了藥後出了一身汗，病好了一大半。張仲景更覺得奇怪，為什麼同樣的病，服相同的藥，療效卻不一樣？他仔細回憶昨天診治時的情景，猛然想起在給第一個病人切脈時，病人手腕上有汗，脈也較弱，而第二個病人手腕上卻無汗，他在診斷時忽略了這些差異。

病人本來就有汗，再服下發汗的藥，不就更加虛弱了嗎？這樣不但治不好病，反而會使病情加重，於是他立即改變治療方法，給病人重新開方抓藥，結果病人的病情很快便好轉了。

這件事給他留下了深刻的教訓，同樣是感冒，表症不同，治療方法也不應相同。他認為辯證施治是關鍵，簡單說：首先要運用各種診斷方法，辨別各種不同的症狀，對病人的生理特點以及時令節氣、地區環境、生活習俗等因素進行綜合分析，研究致病的原因，然後確定恰當的治療方法。張仲景把自己積累的經驗教訓進行了科學的總結，逐漸形成了比較完善的中醫看病體系。

儘管張仲景從小就厭惡官場，輕視仕途，但由於他父親曾在朝廷做過官，對參加科舉考試以謀得一官半職很是看重，就要張仲景參加考試。古時的人以不忠不孝為最大恥辱，儘管張仲景很不情願，但也不願違背父命，落一個不孝之子的名聲。因此在漢靈帝時，他參加了考試並且中了「舉人」。建安年間，被朝廷派到長沙做太守，但他仍用自己的醫術，為百姓解除病痛。

在封建時代，做官的不能隨便進入民宅，接近百姓，可是不接觸百姓，就不能為他們治療，自己的醫術也就不能長進。於是張仲景想了一個辦法，選擇每月初一和十五兩天，大開衙門，不問政事，讓有病的百姓進來，他端端正正地坐在大堂上，挨個地仔細為群眾診治。他讓衙役貼出安民告示，告訴老百姓這一消息。他的舉動在當地產生了強烈的震動，老百姓無不拍手稱快，對張仲景更加擁戴。時間久了便形成了慣例。每逢農曆初一和十五的日子，他的衙門前便聚集了來自各方求醫看病的百姓，甚至有些人帶著行李遠道而來。後來人們就把坐在藥鋪裏給人看病的醫生，通稱為「坐堂醫生」，用來紀念張仲景。

建安年間，瘟疫大流行，前後達五次之多，使很多人喪生，一些市鎮變成了空城，其中尤以死於傷寒病的人最多。張仲景非常痛心，決心要控制瘟疫的流行，根治傷寒病。從此他刻苦研讀《素問》、《靈樞》、《八十一難》、《陰陽大論》、《胎臚藥錄》等古代醫書，繼承《內經》等古典醫籍的基本理論，廣泛借鑒其它醫家的治療方法，結合個人臨床診斷經驗，研究治療傷寒雜病的方法，並於建安十年開始著手撰寫《傷寒雜病論》。到建安十五年，終於寫成了劃時代的臨床醫學名著——《傷寒雜病論》，共十六卷。經後人整理成為《傷寒論》和《金匱要略》兩本書。《傷寒雜病論》系統地概括了「辯證施治」的理論，為我國中醫病因學說和方劑學說的發展做出了重要貢獻。後來該書被奉為「方書之祖」，張仲景也被譽為「經方大師」。

張仲景寫成該書後仍專心研究醫學，直到與世長辭。晉武帝司馬炎統一天下後的公元二八五年，張仲景的遺體才被後人運回故鄉安葬，並在南陽修建了醫聖祠和仲景墓。

專家品析

張仲景是中醫界的一位奇才，《傷寒雜病論》是一部奇書，它確立了中醫學重要的理論支柱之一——辯證論治的思想，這種「透過現象看本質」的診斷方法，就是他著名的「辯證施治」理論，在中醫學發展過程中，實屬「點睛之筆」。這部巨著的問世，奠定了後世中藥臨床學的理論基礎。

科學成就

《傷寒雜病論》確立的辯證論治原則，是中醫臨床的基本原則，是中醫的靈魂所在。在方劑學方面，《傷寒雜病論》也做出了巨大貢獻，創造了很多藥方。他所確立的六經辯證的治療原則，受到歷代醫學家的推崇。這是中國第一部從理論到實踐、確立辯證論治法則的醫學專著，是中國醫學史上影響最大的著作之一，是後代學者研習中醫必備的經典著作。

08 人類發明進步史，影響世界進程人

——蔡倫·東漢

生平簡介

姓　　名	蔡倫。
字	敬仲。
出 生 地	東漢桂陽郡宋陽。
生 卒 年	六一至一二一年。
身　　份	科學家、發明家。
主要成就	造紙工藝的完善及推廣。

名家推介

蔡倫（61-121 年），字敬仲，漢族，東漢桂陽郡人。漢和帝時，蔡倫入宮做皇帝的侍從，後來升任「尚方令」，負責管理皇室工廠。蔡倫在總結前人經驗的基礎上，在洛陽發明了用樹皮、破魚網、破布、麻頭等作原料，適合書寫的植物纖維紙。

蔡倫是中國「四大發明」中造紙術的改進者，「影響人類歷史進程的一百名人」、「人類有史以來最佳發明家」之一。

名家故事

很久很久以前，我們的祖先是把字寫在竹片上，叫做竹簡，再用皮帶或繩子把一片片竹簡編串起來，就像竹簾子一樣，就成了冊，相當於現在的書。因為一片片的竹簡寫不了多少字，所以現在的幾頁書，那時候就是重重的一大捆。而古人的一部書，總要編很多冊，小孩子如果帶一部書上學堂，很有可能要拿大簍子來當書包。竹簡不僅太重，太佔地方，而且字容易抹掉、生蟲，不管怎麼處理，也改進不了多少。因此書一直是困擾讀書人的最大問題，值得慶幸的是這個難題歷經幾千年後終於被一個人解決了，這個人就是造紙術的發明者蔡倫。

東漢永平四年，蔡倫出生在桂陽郡宋陽一個普通農民家庭，他自小聰明伶俐，討人喜歡。漢章帝劉炟繼位後，常到各郡縣挑選幼童入宮。永樂十八年，蔡倫被選入洛陽宮內為太監，當時他約十五歲。他讀書識字，成績優異，於建初元年任小黃門官。後來得到漢和帝信任，被提升為中常侍，參與國家的機密大事。他還做過管理宮廷用品的官尚方令，監督工匠為皇室製造寶劍和其它各種器械，因而經常和工匠們接觸，勞動人民的精湛技術和創造精神，給了他很大的影響。

蔡倫那個年代，人們已經學會了養蠶取絲，他們把煮好的蠶繭用棍子敲爛，鋪在席子上，就成了絲綿。人們把絲綿取下後，將留在席子上的一層薄薄的纖維曬乾，就成了紙。有人發現絲紙可以書寫文字，用起來比竹簡方便多了。但這種絲紙還不能算是真正的紙，而且這種紙的原材料是絲，產量少，價錢昂貴，一般人用不起，所以那時候讀書寫字實在好苦。

蔡倫學問很高，在皇宮裏做官，經常用到紙，日子久了，蔡倫覺得絲紙的用量太大，花費太多，心裡很煩惱。

有一天，宮廷裏來了一位新的工匠，叫黃昌，是從出產蠶絲的江南來的。蔡倫找到他，說：「我一直想知道，絲紙是怎樣做出來的？能不能請你把詳細的方法告訴我？」黃昌便一五一十地告訴他，從此，蔡倫就天天動腦筋想有沒有其它便宜的東西來代替絲做紙。

一天，蔡倫把黃昌叫來問他：「絲紙是做絲綿剩下的纖維嗎？」黃昌說：「是一層很薄的纖維。」蔡倫說：「如果我們用其它有纖維的東西來代替絲，是不是也可以做出紙呢？」於是，他們開始了實驗。蔡倫找來樹皮、麻葉，全部放到大鍋中，加上水煮，黃昌還抱來了破布、破魚網放入鍋中，蔡倫說：「好啊，只要有纖維的東西，我們都可以試試。」等到鍋中的水沸騰，兩個人就合力把亂七八糟的東西到入大石臼，再用木棒「篤篤」地搗了起來。等石臼中的所有東西都被搗爛混合成漿狀，黃昌便用漂白劑漂白，然後把漿平鋪在席子上，鋪得又薄又平又均勻，最後把它撕下來，高興地大叫：「這的確是張完整的紙啊！」蔡倫在紙上寫上字看效果，興奮地說：「成功了，這張紙比原來的絲紙吸墨快，而且不容易散開，這才能算是真正的紙啊！」

蔡倫造紙成功後，全國各地開始大量製造、使用這種紙。麻紙和皮紙是漢代以來一千二百年間中國紙的兩大支柱，中國文化依賴兩大紙種的供應而得以迅速發展。從此以後，各地開始普及這種紙，基本取代了落後的簡帛而成了中國唯一的書寫材料，有力地推進了中國科學文化的傳播和發展。直到現在，我們使用的宣紙、綿紙還沿用著當初蔡倫造紙的方法，只是現在用的材料已經變成了竹子、木材等。

元初元年，蔡倫負責監典校訂經書，校訂完成後要將所抄副本頒發給各個地方官，從而形成了大規模用紙抄寫儒家經典的高潮，使紙本書籍成為傳播文化最得力的工具。因此可以說蔡倫對造紙術的改革和推廣、傳播、普及都有一定的貢獻。中國造紙技術起始於西漢，在東漢時期進行改進推廣，蔡倫是這個歷史階段促進造紙術發展的核心人物，被稱為技術革新者、組織者、宣導者和推廣者，其歷史地位應予肯定。蔡倫被史學家稱為中國古代科學家。

專家品析

正如英國科學家弗蘭西斯・培根在評價我國四大發明時所說：「它們改變了世界上事物的全部面貌和狀態，又從而產生了無數的變化；沒有一個帝國，沒有一個宗教，沒有一個顯赫的人物，對人類事業曾經比這些機械的發現施展過更大的威力和影響。」蔡倫就是這樣為世界文明便捷地傳播起到了不可磨滅作用的人物。

科學成就

蔡倫最突出的貢獻還是在造紙方面，第一，組織並推廣了高級痲紙的生產和精工細作，促進了造紙術的發展。第二，促進皮紙生產在東漢創始並發展興旺。第三，受命監典內廷所藏經傳的校訂和抄寫工作而形成了大規模用紙高潮，使紙本書籍成為傳播文化的最有力工具。

09 九章算術注理論，人類數學開端人

——劉徽．三國

生平簡介

姓　　名　劉徽。
出 生 地　山東臨淄。
生 卒 年　約二二五至二九五年。
身　　份　科學家。
主要成就　著有《九章算術注》。

名家推介

劉徽（約 225-295 年），漢族，山東臨淄人，魏晉時期偉大的數學家，中國古典數學理論的奠基者之一。

他編撰《九章算術注》，全面證明了《九章算術》的方法和公式，指出並糾正了以往數學史上的若干錯誤，在數學方法和數學理論上做出了傑出的貢獻，他也是中國明確主張用邏輯推理的方式來論證數學命題的第一人。

名家故事

在初中代數裡，你肯定學過負數概念和正負數加減法的法則，並

且你的計算可能相當熟練。然而，你是否知道，世界上是誰最早提出了負數概念和正負數的加減法法則？

在初中你應該也學過解一元一次方程、一元二次方程、二元一次方程組、三元一次方程組等，各種類型的方程問題，名目繁多。但你可知道，「方程」這個名詞究竟是怎麼來的？是誰在世界上最早提出了一次方程的定義和完整的解法？

早在兩千多年以前，我國古代數學家就引進了負數概念和負數加減法法則。負數出現在各項系數及常數項中，這是第一次突破正數的範圍。這在世界數學史上也是領先的。我國古代數學家對負數的引進，有力地擴大了數的領域，是人類對數的認識過程中邁出的重要一步，這是中國古代數學家的一項傑出貢獻。關於方程組的解法，也是我國古代數學最早提出的。比西方要早一千五百年，同樣居世界領先地位。

除此之外，還有很多數學問題的研究成果我國古代要比西方國家早幾百年，並一直處於領先地位。我國古代數學家劉徽注釋的《九章算術》便是當時的代表性著作。劉徽是魏晉時期一位傑出的數學家，是我國古代數學理論的奠基人。他主要生活在三國時代的魏國，曾從事過度量衡考校工作，研究過天文曆法，還進行過野外測量，但他主要還是進行數學研究工作。他反覆地學習和研究了《九章算術》。二六三年，也就是距今一千七百多年前的時候，他就全面系統地為《九章算術》注釋了十卷。在劉徽的注解中，包含了他的許多天才性創見和補充，這是他一生中取得的最大的功績。

《九章算術》是我國算經十書中最重要的一部，也是我國流傳最早的數學著作之一。它不是一個人獨立完成的作品，也不是在同一個時代裏完成的。它系統地歸納了戰國、秦、漢封建制從創立到鞏固這一段時期內的數學成就，現在流傳的《九章算術》是劉徽的注釋本。

《九章算術》是以應用問題的形式表達出來的，一共收錄了二百四十六個問題，按數學性質不同共分為九章。

劉徽為《九章算術》作注釋，不是簡單的對一部古老數學專著的注解，而是把他自己的許多研究成果充實到了裏邊。他經過多年刻苦鑽研，對《九章算術》中一些不完整的公式和定理作出了邏輯證明，對一些不是很明確的概念提出了確切而又嚴格的定義，他使中國古代的一部數學遺產變得更充實、完整了。

劉徽對圓周率 π 進行了研究。他否定古人在《九章算術》中把圓周率 π 取作三的做法。他認為：用三表示 π 的值是極不精確的。「周三徑一」僅是圓內接六邊形的周長與圓徑之比。他經過多年苦心鑽研，創造出了科學的方法──割圓術。是以一尺（33 釐米）為半徑作圓，然後作這個圓的內接正六邊形，逐倍增加邊數，計算出正十二邊形，正二十四邊形，正四十八邊形，正九十六邊形，一直算到正一百九十二邊形的面積，求出圓周率 π 等於三點一四一〇二四，相當於三點一四。後來人們為紀念劉徽的成就稱此率為「徽率」。劉徽這種讓內接正多邊形邊數逐倍增加，邊數越多，就越和圓周貼近的思想，在當時條件下是非常不簡單的。顯然他當時已有了「極限」的思想。這種思想方法是後來的數學家發現數學規律後，而經常採用的方法。

劉徽具有高度的抽象概括能力。他善於在深入實踐的基礎上精練出一般的數學原理，並解決了許多重大的理論性問題。後人把劉徽的數學成就集中起來，認為他為我國古代數學在世界上取得了十個領先，分別是：最早提出了分數除法法則；最早給出最小公倍數的嚴格定義；最早應用小數；最早提出非平方數開方的近似值公式；最早提出負數的定義及加法法則；最早把比例和「三數法則」結合起來；最早提出一次方程的定義及完整解法；最早創造出割圓術，計算出圓周率即「徽率」；最早用無窮分割法證明了圓錐體的體積公式；最早創造「重差術」，解決了可望而不可即目標的測量問題。

專家品析

劉徽所編撰《九章算術注》一書，不僅在中國數學史上佔有重要地位，對世界數學的發展也有著重要的貢獻。分數理論及其完整的算法、比例和比例分配算法、面積和體積算法、以及各類應用問題的解法，在書中已有了相當詳備的敘述。而少廣、盈不足、方程、勾股等章中的開立方法、盈不足術、正負數概念、線性聯立方程組解法、整數勾股弦的一般公式等內容都是世界數學史上的卓越成就。

劉徽的工作，不僅對中國古代數學發展產生了深遠影響，而且在世界數學史上也確立了崇高的歷史地位。鑒於劉徽的巨大貢獻，不少書上把他稱作「中國數學史上的牛頓」。

科學成就

劉徽的數學成就大致為兩方面：

一、清理中國古代數學體系並奠定了它的理論基礎：闡述了通分、約分、四則運算，以及繁分數化簡等的運算法則；建立了數與式運算的統一的理論基礎；「割圓術」的極限方法提出了劉徽原理，並解決了多種幾何形和幾何體的面積、體積計算問題。

二、在繼承的基礎上提出了自己的創見：用割圓術證明了圓面積的精確公式，並給出了計算圓周率的科學方法；他在用無限分割的方法計算錐體體積時，提出了關於多面體體積的計算原理。

10 外科鼻祖麻沸散，養生醫療五禽戲

——華佗·三國

生平簡介

姓　　名	華佗。
字	元化。
出 生 地	沛國譙（今安徽省亳州市譙城區）。
生 卒 年	約一四五至二〇八年。
身　　份	科學家。
主要成就	著《青囊經》，創「麻沸散」。

名家推介

華佗（約 145-208 年），三國著名醫學家，字元化，漢族，沛國譙（今安徽省亳州市譙城區）人。

他精通內、婦、兒、針灸各科，外科尤為擅長，行醫足跡遍及安徽、山東、河南、江蘇等地。他曾用「麻沸散」使病人麻醉後施行剖腹手術，是世界醫學史上應用全身麻醉進行手術治療的最早記載。

名家故事

華佗生於我國東漢末年，他熱愛醫學，從小就鑽研醫術，立志要做一名為人排憂解難的醫生，經過數十年的醫療實踐，華佗的醫術已達到爐火純青的地步。他熟練地掌握了養生、方藥、針灸和手術等治療手段，精通內、外、婦、兒各科，臨證施治，診斷精確，方法簡捷，療效神速，被當世譽為「神醫」。

有一次在行路途中，華佗見一群人圍在路旁，他走近一看，原來是一名車夫倒在地上。只見車夫面色蠟黃，兩腳蜷曲，雙手捂肚，不住地發出難以忍受的痛苦聲音。華佗見狀，立即放下藥箱，蹲在地上為病人檢查。過了一會兒，華佗轉身對圍觀的人們說：「他這是患了腸癰（闌尾炎），如果早些治療，針灸就可以了。」「難道他現在不行了？」周圍的人急切地問。華佗笑著搖了搖頭說：「別急，別急，這點小病算不了什麼。不過，我需要將他的腸子取出來治療。」聽說剖腹取腸，有的人嚇得伸了伸舌頭，還有的人情不自禁地倒吸了一口涼氣。因為他們想像不出剖腹將有多麼疼痛。華佗坦然地取出一包藥末，叫人取些酒來，給病人沖服下。不一會兒，病人安靜下來，又過了一會兒，病人竟酣然大睡進入了夢鄉。華佗讓人把他抬到附近的一個房子裏，用手術刀，將車夫的肚皮劃開，取出病人的腸子，切掉潰爛的那一段，縫合以後，敷上生肌的藥膏。這一切工作完成以後，病人睡醒過來，睜開雙眼，驚奇地發現自己的肚子不再疼了。當他得知剛才發生的一切時，感激地拉著華佗的手連聲說道：「您救了我的命，我真不知如何感謝您才好。」旁人問華佗在手術前給病人吃了什麼，使他在整個手術過程中沒有疼痛感覺。華佗笑著從箱裏拿出一些粉末，說：「就是它，叫做『麻沸散』。吃了它，任憑你做什麼手術也不會感覺疼痛。」

幾天以後，車夫的病完全好了，又和其它的人一樣出現在大路上。華佗醫術高明的消息不脛而走，「麻沸散」的神效功能也隨著華佗的名字傳遍了千家萬戶。

麻沸散是華佗製造的一種很有效的麻醉藥，這種藥如果和酒一起服用，則效力更大，能起到全身麻醉的效果。而現代醫學上採用的麻醉藥劑，僅僅有一百多年的歷史。我國神醫華佗使用麻沸散為病人做手術，至少比西方早一千六百年。但可惜此方失傳，幸有史書記載了這一奇跡。可見，麻沸散的發明及其使用，不能不說是世界醫學史上的一個奇跡。

華佗相信人的生命不在於天，而是在於運動。因此，他一直想找出一個辦法來，使人能夠延年益壽。華佗發現動物們都很強壯，那麼人是不是也可以呢？於是他潛心鑽研野獸的動作特點，然後根據醫書上的穴脈原理，創造了一套醫療體操，稱作「五禽戲」。五禽戲就是要求人們模仿虎、鹿、熊、猿、鳥做出各種動作，以促進血液循環，使全身關節和肌肉都能得到舒展，以達到增強體質、預防疾病的目的。這是對人類健康事業的一大貢獻。他提出的「生命在於運動」的思想，至今仍對人類的保健起著積極的指導作用。

可惜的是，當華佗行醫到魏國給當時挾天子以令諸侯的曹操治療好頭疼病後，曹操就想把他留在自己的身邊，並許以高官厚祿。但華佗拒絕了曹操的要求，為了脫身，他謊稱自己的妻子病了。這一方法果然奏效，曹操放他回家照看妻子，要他妻子的病好以後立即返回，誰知華佗又雲遊四方，為百姓行醫看病去了。

曹操氣沖沖地派人把華佗抓了回來，此時，曹操的頭疼病又復發了，他讓華佗給他看病。華佗放心不下他的病人，請求給曹操治完病後立即放他回去，曹操沒有答應。華佗一氣之下拒絕給曹操針灸，曹操用死要脅他。華佗毫無懼色，大義凜然。曹操沒有辦法，將他打入了死牢，華佗知道自己在劫難逃，就託人拿來筆硯，把自己多年來行醫看病的心得體會寫了幾本書，在臨刑的前一天送給了獄卒，託他把這些寶貴的經驗傳下去，為百姓免除病憂。誰知獄卒膽小怕事，不敢接受華佗的醫書。無奈之下華佗只好眼含熱淚，將這些材料扔在火中燒掉。第二天，曹操派人殺了華佗。一代名醫就這樣告別了人間。

專家品析

華佗是我國醫學史上為數不多的傑出外科醫生之一，他善用麻醉、針灸等方法，並對開胸破腹的外科手術有獨特的造詣。

華佗高明之處，就是能批判地繼承前人的學術成果，在總結前人經驗的基礎上，創立新的學說。雖然華佗的醫書據說被全部焚毀，但他的學術思想卻並未完全消亡，尤其是在中藥研究方面，除麻沸散這樣的著名方劑外，後世醫書中所記載的華佗方劑都很著名。

科學成就

華佗醫術全面，尤其擅長外科，精於手術，被後人稱為「外科聖手」、「外科鼻祖」。又模仿虎、鹿、熊、猿、鳥等禽獸的動態創作名為「五禽之戲」的體操，教導人們強身健體。所著醫書《青囊經》已流失。

11 製圖類科學之父，澤古今璀璨明星

——裴秀·西晉

生平簡介

姓　　名　裴秀。
字　　　　季彥。
生 卒 年　二二四至二七一年。
身　　份　科學家。
主要成就　繪製《禹貢地域圖》。

名家推介

裴秀（224-271 年）字季彥，魏晉期間河東聞喜（今山西聞喜縣）人，西晉大臣、學者。歷任三國時期魏國散騎常侍、尚書僕射，晉光祿大夫、司空等官職。

他繪製了《禹貢地域圖》，開創我國古代地圖繪製學的先河，被後世稱為「中國科學製圖學之父」。

名家故事

裴秀年輕時候就才華出眾，很受人們的讚賞，他被推薦給當時掌握著輔政大權的曹爽。曹爽任命裴秀為黃門侍郎，那一年他二十五

歲。年輕的裴秀脫穎而出，有時不免自負。一次，他得知著名的機械專家馬鈞設計製作一種能連續把巨石發射到遠方的攻城器，竟加以嘲笑，並為難馬鈞，馬鈞口才不及裴秀，後來就不多加辯解了。裴秀十分得意，又講個沒完，其實他對機械原理並不是很精通，當時的文學家傅玄，為此曾勸說過裴秀。

司馬懿誅殺曹爽，魏朝大權落入司馬氏手中。裴秀因是曹爽任用的官吏，被解除了職務，但不久又在朝中做官。司馬懿的兒子晉文帝司馬昭執政後，裴秀得到更多發揮才能的機會。他提出的有關軍事和政治方面的建議，常為司馬昭所採納，被任命為散騎常侍，在皇帝身邊做顧問。

魏甘露二年，裴秀三十四歲，隨司馬昭征討一個不服從司馬氏統治的地方官諸葛誕。裴秀參與謀略，得勝而還，被封魯陽鄉侯，賜邑千戶。後來又為司馬昭商定政策，改革官制等，封濟川侯，賜邑一千四百戶。司馬昭的兒子司馬炎得王位，也多虧裴秀在司馬昭面前為他講好話。

魏咸熙二年，司馬昭去世，司馬炎廢了魏元帝曹負，自立為帝，國號晉。晉武帝司馬炎繼位後，任裴秀為尚書令，加左光祿大夫，封鉅鹿郡公，賜邑三千戶。當時有人向晉武帝反映騎都尉劉向有替裴秀占官府稻田之事，請武帝處理。武帝念裴秀有功勞，僅加劉向的罪，而對裴秀就不予追究了。

晉泰始四年，尚書令裴秀為司空，成為最高軍政負責人之一，併兼任地方官，主管全國的戶籍、土地、田畝賦稅和地圖等事，裴秀在地圖學方面取得的成就與這一職務有很大關係。可惜，三年之後，他因服寒食散又飲冷酒，不幸逝世。

裴秀在地圖學上的主要貢獻，在於他第一次明確建立了中國古代地圖的繪製理論。他總結我國古代地圖繪製的經驗，在《禹貢地域圖》序中提出了著名的具有劃時代意義的製圖理論「製圖六體」。

春秋戰國時期地圖已廣泛用於戰爭和國家管理，秦漢以後損失嚴重。出於政治和軍事需要，裴秀立意製作新圖。他領導和組織編製成「禹貢地域圖」十八篇，這是中國和全世界見於文字記載的最早歷史地圖集。為了便於應用，他還將一幅篇幅放大，用絹布八十匹繪製的「天下大圖」縮製成以寸為百里（比例尺 1：1,800,000）的《地形方丈圖》，圖上記載有名山都邑，為軍政管理提供了科學依據。

他創立「製圖六體」理論，系統總結了前人豐富的繪圖經驗，為後世的地圖繪製工作提供了一套完整的規範，是世界上最早的地圖綱要。「製圖六體」是很科學的，可以說，今天地圖學上所應考慮的主要因素，除經緯線和地圖投影外，裴秀幾乎都已經提出來了。在一千七百多年前，裴秀不僅已經認識到在地圖上表現實際地形的時候有哪些相互影響的因素，而且知道用比例尺和方位去加以校正的方法，這在地圖發展史上是具有劃時代意義的傑出成就。

裴秀的「製圖六體」對後世製圖工作的影響是十分深遠的。直到明末義大利傳教士利瑪竇所繪有經緯線的世界地圖在中國傳播傳佈以前，我國在地圖繪製上，雖然在內容上不充實、完備，但是在方法上基本是遵循「製圖六體」的。

裴秀除了繪製《禹貢地域圖》以外，還曾經繪製了一幅《地形方丈圖》，一直流傳了幾百年，對後世地圖學的發展有相當大的影響。大概在他以前不久，有人繪製了一幅「天下大圖」，規模非常龐大，據說「用縑八十匹」，這在當時世界上是絕無僅有的。但是這幅「天下大圖」有一個缺點，就是不便於攜帶、閱覽和保存。於是裴秀運用製圖六體的方法，「以一分為十里，一寸為百里」的比例尺（大約相當於一百八十萬分之一）把它縮繪成《地形方丈圖》，並且把名山、大川、城鎮、鄉村等各種地理要素清清楚楚地標示在圖上，這樣，閱覽它就方便多了，可見裴秀已經掌握了縮放技術。

裴秀身居相位，一生主要從事政治活動，不可能經常花大量精力親自動手進行繪圖。因此無論是他的《禹貢地域圖》，還是《地形方丈圖》，都是在別人的幫助下才得以完成的，但他還是起了發起、組織和指導的主要作用。

專家品析

裴秀提出的製圖原則，是繪製平面地圖的基本科學理論，為編製地圖奠定了科學的基礎，它一直影響著清代以前中國傳統的製圖學，在中國地圖學的發展史上具有劃時代的意義，在世界地圖學史上佔有重要地位。裴秀對我國地圖學的發展做出了巨大貢獻。

裴秀所提出的「製圖六體」為我國製圖學奠定了科學基礎，後世稱他為「中國科學製圖學之父」，與歐洲古希臘著名地圖學家托勒密齊名，是世界古代地圖學史上東西輝映的兩顆燦爛明星。

科學成就

裴秀的一生，在政治上相當顯赫。但是他深為後人稱讚的是他生前的最後幾年在地圖學方面做出的貢獻。在學術上裴秀的重要成就是主持編繪《禹貢地域圖》十八篇，以及他在為此圖中撰寫的序所提出「製圖六體」。此外，還縮製舊天下大圖為《方丈圖》，或稱《地形方丈圖》。又著有《冀州記》，未完成的著作有《盟會圖》和《典治官制》等。

12 丹砂燒之成水銀，積變又還成丹砂

——葛洪·東晉

生平簡介

姓　名	葛洪。
別　名	抱朴子。
出生地	晉丹陽郡句容（今江蘇句容縣）。
生卒年	二八四至三六四年。
身　份	道教學者、著名煉丹家、醫藥學家。
主要成就	著有《神仙傳》、《抱朴子》、《肘後備急方》、《西京雜記》等。

名家推介

葛洪（284-364 年），東晉道教學者、著名煉丹家、醫藥學家。字稚川，自號抱朴子，漢族，晉丹陽郡句容（今江蘇句容縣）人。

他曾受封為關內侯，後隱居羅浮山煉丹。著有《神仙傳》、《抱朴子》、《肘後備急方》、《西京雜記》等著作。

名家故事

二八四年，葛洪出生在江蘇省句容縣，家境清貧。他無錢購買書籍筆墨，只好向人家借書閱讀，用木炭練習寫字，長大了當過官吏，後來辭職回家，專門從事科學研究。

葛洪從小喜歡讀有關醫藥、保健和煉丹製藥的書，還很留心民間流行的一些簡便的治病方法。他把在廣大的農村裏搜集到的驗方，結合自己學到的醫藥知識，寫成了一本書，取名叫《肘後備急方》。

《肘後備急方》非常實用。「肘後」就是說這部書篇幅很小，可以掛在胳膊肘上隨身攜帶，類似現代所說的「袖珍本」。「備急」就是應急的意思。用現代話說，就是一本「急症手冊」。這部書裏的治病藥方，都是容易得到的到處都有的草藥，又便宜，又方便，更重要的是靈驗有效，所以深受老百姓的歡迎。

葛洪在《肘後備急方》裏面，記述了一種叫「屍注」的病，說這種病會互相傳染，並且千變萬化。染上這種病的人鬧不清自己到底哪兒不舒服，只覺得怕冷發燒，渾身疲乏，精神恍惚，身體一天天消瘦，時間長了還會喪命。葛洪描述的這種病，就是現在我們所說的結核病。結核菌能使人身上的許多器官致病。肺結核、骨關節結核、腦膜結核、腸和腹膜結核等，都是結核菌引起的，葛洪是我國最早觀察和記載結核病的科學家。

葛洪的《肘後備急方》中還記載了一種叫犬咬人引起的病症。犬就是瘋狗，人被瘋狗咬了，非常痛苦，病人受不得一點刺激，只要聽見一點兒聲音，就會抽搐痙攣，甚至聽到倒水的響聲也會抽風，所以有人把瘋狗病又叫做「恐水病」，在古時候，對這種病沒有什麼辦法治療。

葛洪想到古代有以毒攻毒的辦法。葛洪想，瘋狗咬人，一定是狗嘴裏有毒物，從傷口侵入人體，使人中了毒。能不能用瘋狗身上的毒物來治這種病呢？他把瘋狗捕來殺死，取出腦子，敷在病人的傷口上，果然有的人沒有再發病，有人雖然發了病，也比較輕些。

葛洪用的方法是有科學道理的，含有免疫的思想萌芽。大家知道，種牛痘可以預防天花，注射腦炎疫苗可以預防腦炎，注射破傷風細菌的毒素可以治療破傷風。這些方法都是近代免疫學的研究成果。「免疫」就是免於得傳染病，細菌和病毒等侵入我們的身體，我們的身體本來有排斥和消滅它們的能力，所以不一定就發病，只有在身體的抵抗力差的時候，細菌和病毒等才能使人發病。免疫的方法就是設法提高人體的抗病能力，使人免於發病。注射預防針，就是一種免疫方法。葛洪對瘋狗病能採取預防措施，可以稱得上是免疫學的先驅。歐洲的免疫學是從法國的巴斯德開始的。他用人工的方法使兔子得瘋狗病，把病兔的腦髓取出來製成針劑，用來預防和治療瘋狗病，原理與葛洪的基本相似。巴斯德的工作方法當然比較科學，但是比葛洪晚了一千多年。

在世界醫學歷史上，葛洪還第一次記載了兩種傳染病，一種是天花，另一種叫恙蟲病。葛洪在《肘後備急方》裡寫道：有一年發生了一種奇怪的流行病，病人渾身起一個個的皰瘡，起初是些小紅點，不久就變成白色的膿皰，很容易碰破。如果不好好治療，皰瘡一邊長一邊潰爛，人還要發高燒，十個有九個治不好，就算僥倖治好了，皮膚上也會留下一個個的小瘢。小瘢初起發黑，一年以後才變得和皮膚一樣顏色。葛洪描寫的這種奇怪的流行病，正是後來所說的天花。西方的醫學家認為最早記載天花的是阿拉伯的醫生雷撒斯，其實葛洪生活的時代，比雷撒斯要早五百多年。

葛洪為什麼喜歡煉丹呢？在封建社會裏，貴族官僚為了永遠享受驕奢淫逸的生活，妄想長生不老。有些人就想煉製出「仙丹」來，滿足他們的奢欲，於是形成了一種煉丹術。煉丹術在我國發展得比較早，葛洪也是一個煉丹家。

當時，葛洪煉製出來的藥物有密陀僧（氧化鉛）、三仙丹（氧化汞）等，這些都是外用藥物的原料。

葛洪在煉製水銀的過程中，發現了化學反應的可逆性，他指出，對丹砂（硫化汞）加熱，可以煉出水銀，而水銀和硫黃化合，又能變成丹砂。他還指出，用四氧化三鉛可以煉得鉛，鉛也能煉成四氧化三鉛。在葛洪的著作中，還記載了雌黃（三硫化二砷）和雄黃（五硫化二砷）加熱後昇華，直接成為結晶的現象。

此外，葛洪還提出了不少治療疾病的簡單藥物和方劑，其中有些已被證實是特效藥。如松節油治療關節炎，銅青（碳酸銅）治療皮膚病，雄黃、艾葉可以消毒，密陀僧可以防腐，等等。葛洪早在一千五百多年前就發現了這些藥物的效用，在醫學上做出了很大貢獻。

專家品析

葛洪是晉朝時的醫藥學家、製藥化學家、煉丹家，著名的道教人士，他在中國哲學史、醫藥學史以及科學史上都有很高的地位。

他既是一位儒道合一的宗教理論家，又是一位從事煉丹和醫療活動的醫學家。葛洪強調創新，認為「古書雖多，未必都盡善盡美」，並在實際的行醫、煉丹過程中，堅持貫徹重視實驗的思想，這是他對醫學上做出的巨大貢獻。

科學成就

葛洪在行醫實踐中，總結治療心得並搜集民間醫療經驗，以此為基礎完成了百卷著作《玉函方》。由於卷中龐大，難於攜帶檢索，便將其中有關臨床常見疾病、急病及其治療等摘要簡編而成《肘後救卒方》（即《肘後備急方》）三卷，使醫者便於攜帶，以便臨床急救檢索之用，此書堪稱中醫史上第一部臨床急救手冊。

13 大明歷演繹天文，圓周率計算第一

——祖沖之．南北朝

生平簡介

姓名	祖沖之。
字	文遠。
出生地	范陽郡遒縣。
生卒年	四二九至五〇〇年。
身份	數學家、科學家。
主要成就	著有《綴術》，將圓周率值計算到小數第七位，創制《大明曆》。

名家推介

祖沖之（429-500 年），南北朝時期人，漢族，字文遠。祖籍范陽郡遒縣（今河北淶水縣），我國傑出的數學家、科學家。

祖沖之從小接受家傳的科學知識。一生先後當過南徐州（今江蘇鎮江市）從事史、公府參軍、婁縣（今崑山市東北）令、謁者僕射、長水校尉等官職。主要貢獻在數學、天文曆法和機械三個方面。

名家故事

提起圓周率，人們自然而然會把它和一位偉大的科學巨星的名字聯繫在一起。他，就是我國南北朝時期聞名天下的數學家、天文學家、機械製造家——祖沖之。

祖沖之沒有進過學校，卻憑著超人的勤奮和聰慧的天資，讀了大量的書籍，他讀書從不盲從，凡事總愛問個「為什麼」，還總是要親自動手實驗。比如，對天象的觀察、日影的測量，都是從他少年時代就開始的。

祖沖之二十五歲的時候，被請進宋孝武帝創辦的全國最高學術機構——華林學省。這裏集中了劉宋王朝的許多博學多才之士。祖沖之自然不甘落後，更加發奮鑽研，努力向科學的巔峰攀登。他的第一個目標，就是對古曆法的衝擊。

古代曆法為陰曆。按陽曆算，地球繞太陽（當時的說法是太陽繞地球）一周為一年，大約三百六十五點二四二二日；而陰曆，是根據月亮的盈虧圓缺而制定的，每年約三百五十四天，比陽曆少十一天多。為使陰曆和陽曆的天數相合，歷代天文學家都採用了置閏的方法，即每過幾年，陰曆的一年就多加一個月，這多增加的月就叫閏月。

按這個閏法，每二百四十年就會誤差一天。祖沖之經過精確計算，提出了新閏周，其誤差顯然縮小了許多。而且還在曆法計算中運用了歲差，使曆法上第一次把恆星年（地球繞太陽一周的時間）與回歸年（兩次冬至間的時間）區別開來，從而開創了中國曆法的新紀元。

四六二年，三十三歲的祖沖之編制成了著名的《大明曆》，當即報奏朝廷，請求使用。但被當時權貴們阻撓而未得施行，隨之武帝也一命歸西，《大明曆》也隨著束之高閣。直到祖沖之去世十年後，他的兒子祖　三次上書梁武帝，證實《大明曆》的確比以往任何舊曆都要精密，這部曆法才於五一〇年施行，從《大明曆》的編成到被採用，前後竟經歷了半個世紀之久。

祖沖之在科學領域中的另一大突出的成就是對於圓周率的計算。所謂圓周率，就是圓的周長和同一個圓的直徑的比率（數學上用希臘字母 π 來表示）。可別小看這小小的圓周率，它的應用範圍之廣泛，是外行人所不能想像的。可以這麼說，凡是涉及圓的數學問題，都要用圓周率來計算。

我國古代數學家對圓周率的研究，很早就開始了，而且取得了遙遙領先於世界的成果。早在公元前一百多年成書的《周髀算經》中，就有圓周率為三的記載；東漢科學巨匠張衡求出了三點一六二二的近似值；到距今一千七百多年的三國時代，傑出的數學家劉徽又用「割圓術」計算到內接一九二邊形，求得圓周率為三點一四一〇二四。

然而，祖沖之不滿足於劉徽的結論，繼續深入、堅持不懈地進行著圓周率的計算工作。從開始計算那天起，無論酷暑還是嚴冬，祖沖之一直夜以繼日地鑽研，終於得到了更為精確的結果：密率為「355／113」（化為小數是 3.1415926），約率為「22／7」（化為小數是 3.1415927）。祖沖之得出的圓周率，精確到了小數點以後第七位，與圓周率的真值相比，誤差僅為千萬分之九，是當時世界上最精確的圓周率，被各國許多數學家稱為「祖率」。在祖沖之逝世一千多年以後，荷蘭科學家安托尼茲才計算出這個數字。祖沖之求出的 π 值，在世界上保持了近一千年的記錄，直到一四二七年，中亞卓越的數學家阿爾・凱西在他的《關於弦和正弦》的著作中記載了圓周率的前十七位數，才第一次超過了祖沖之。

後來，祖沖之把研究成果彙集在《綴術》這本書中。《綴術》，在唐代被立為「十部算經」之一，是國立學校學生必讀的主要教科書，同時傳到了日本等鄰國，在數學史上曾發揮過重大作用。令人十分惋惜的是，它早在北宋中期就失傳了，後人只能根據其它古書記載來了解這部優秀數學著作的內容。

祖沖之晚年致力於文學、哲學、社會科學方面的研究，並在改革政治方面傾注了大量的心血，表現了他憂國憂民的高尚品格。公元五〇〇年，這位傑出的科學巨星隕落了，終年七十二歲。

專家品析

祖沖之一生對仕途十分淡泊，但是，他在科學研究中展示出的無窮無盡的才智，他在我國和世界科技史上譜寫的光輝篇章，永遠是我們偉大祖國的驕傲，也是世界人民的驕傲。

祖沖之的名字和他的成果，留在法國巴黎「發現宮」科學博物館的牆上，他的肖像懸掛在莫斯科大學禮堂前面的廊壁，在以世界著名科學家的名字命名的月球山脈中，也有「祖沖之」三個金光燦燦的大字，祖沖之的大名將與日月山河同在！

科學成就

在世界數學史上第一次將圓周率（π）值計算到小數點後七位，即三點一四一五九二六到三點一四一五九二七之間，他提出約率

「22/7」和密率「355/113」，這一密率值比歐洲早一千多年。他將自己的數學研究成果彙集成一部著作，名叫《綴術》。他編制的《大明曆》，推算出一回歸年的長度為三百六十五點二四二八一四八一日，誤差只有五十秒左右。他還是一位傑出的機械專家，重新造出早已失傳的指南車、千里船等巧妙機械多種。著作有《釋論語》、《莊子義》及小說《述異記》等，但早已失傳。

14 文章博洽儒者風，水經有注比禹功

——酈道元．南北朝

生平簡介

姓　　名	酈道元。
字	善長。
出 生 地	范陽郡（河北涿州市）。
生 卒 年	約四七〇至五二七年。
身　　份	地理學家、散文作家。
主要成就	撰《水經注》四十卷。

名家推介

酈道元（約 470-527 年），字善長，漢族，范陽涿鹿（今河北涿鹿縣）人。北朝北魏地理學家、散文作家。

他撰寫的《水經注》四十卷，文筆雋永，描寫生動，既是一部內容豐富多彩的地理著作，也是一部優美的山水散文匯集，可稱為我國遊記文學的開創者，對後世遊記散文的發展影響頗大。

名家故事

酈道元在少年時代，就對地理考察有濃厚的興趣。十幾歲時，他

隨父親到山東，經常與朋友一起到有山水的地方遊覽，觀察水流的情景。後來，他在山西、河南、河北做官，經常乘工作之便和公餘之暇，留意進行實地的地理考察和調查。凡是他走到的地方，他都盡力搜集當地有關的地理著作和地圖，並根據圖籍提供的情況，考查各地河流幹道和支流的分佈，以及河流流經地區的地理風貌。他或跋涉郊野，尋訪古跡，追溯河流的源頭；或走訪鄉老，採集民間歌謠、諺語、方言和傳說，然後把自己的見聞，詳細地記錄下來，日積月累，他掌握了許多有關各地地理情況的原始資料。

通過實地考察和對地理書籍的研究，酈道元深切感到前人的地理著作，包括《山海經》、《禹貢》、《漢書・地理志》以及大量的地方性著作，所記載的地理情況都過於簡略。三國時有人寫了《水經》一書，雖然略具綱領，但卻只記河流，不記河流流經地區的地理情況，而且河流的記述也過於簡單，並有許多遺漏。更何況地理情況不是固定不變的，隨著時間的推移，地理情況也不斷發生變化。例如，河流會改道，地名有變更、城鎮村落有興衰等，特別是人們的勞動會不斷改變地面的風貌。因此歷史上的地理著作，已經不能滿足人們的需要了，酈道元決心動手寫一部書，以反映當時的地理面貌和歷史變遷的情況。

在著書的過程中，酈道元選取了《水經》一書作為藍本，採取了為《水經》作注的形式，因此取書名為《水經注》。《水經》一書記載的河流僅有一百三十七條，文字總共只有一萬多字。酈道元在《水經注》中補充了許多河流，數量比《水經》增加了近十倍，達一千二百五十二條，其中有些還是獨立流入大海的重要河流。《水經注》共計四十卷，約三十萬字。僅從這些就可以看到，酈道元的《水經注》是一部內容遠遠超過《水經》一書的再創作，書中凝聚著酈道元大量的辛勤勞動，是他多年心血的結晶。

在《水經注》中，酈道元除了記述當時的全國各地的地理情況外，還記述了一些國外的地理情況，其涉及地域東北至朝鮮的𣶒水（今大同江），南到扶南（今越南和柬埔寨），西南到印度新頭河（今印度河），西至安息（今伊朗）、西海（今哈薩克斯坦和烏茲別克斯坦咸海），北到流沙（今蒙古沙漠）。可以說，《水經注》是北魏以前中國及周圍地區的地理學的總結。

從《水經注》中我們可以看到，酈道元以其飽滿的筆觸，為我們展現了一千四五百年前中國的地理面貌，使人們讀後可以對各地的地理狀態及其歷史變遷有較清晰的了解。例如從關於北京地區的描述中，我們可以知道當時北京城的城址、近郊的歷史遺跡、河流以及湖泊的分佈等，還可以了解到北京地區人們早期進行的一些大規模改變自然環境的活動，像攔河堰的修築、天然河流的導引和人工管道的開鑿等。這是我們現在所能得到的關於北京地區最早的地理資料，也是我們研究北京地區歷史地理變遷的一個重要地點。這些資料對於我們今天仍然是非常有用的。科學和經驗告訴我們，地理情況是隨著自然條件的變化和人類活動的加強而不斷發生變化的。我們要真正了解和深刻認識今天的地理情況，單靠對現在的地理狀態的研究是不夠的，還必須深入了解地理情況的變化過程及其原因，以認識和掌握它的發展規律，為今天的建設事業服務。從這個意義上說，《水經注》在今天仍然具有生命力，是我們不可多得的珍貴的歷史地理文獻。

《水經注》中的內容，除酈道元親身考察所得到的資料外，還引用了大量的歷史文獻和資料，其中引用前人的著作達四百三十七種之多，還有不少漢、魏時代的碑刻材料。這些書籍和碑刻，後來在歷史的變遷中大都已經散失了，幸而有酈道元的引用轉錄，才得以保留下來，使我們能夠知道這些書籍和碑刻的部分內容，這又是我們研究我國文明發展歷史的極其寶貴的資料。酈道元對地理學的貢獻和歷史功績，是值得人們尊崇的。

專家品析

《水經注》在寫作體例上，不同於《禹貢》和《漢書・地理志》，它以水道為綱，詳細記述各地的地理概況，開創了古代綜合地理著作的一種新形式。

它詳細地記述了河流流經區域的地理情況，包括山脈、土地、物產、城市的位置和變遷以及村落的興衰、水利工程、歷史遺跡等古今情況，並且具有明確的地理方位和距離的觀念。像這樣寫作嚴謹、內容豐富的地理著作，在當時的中國乃至世界上都是無與倫比的，由此，酈道元被後人尊為中世紀最偉大的地理學家，是當之無愧的。

科學成就

《水經注》不僅是一部具有重大科學價值的地理巨著，而且也是一部頗具特色的山水遊記。酈道元以飽滿的熱情、渾厚的文筆、精美的語言，形象生動地描述了祖國的壯麗山川，表現了他對祖國的熱愛和讚美。酈道元一生著述很多，除《水經注》外，還有《本志》十三篇以及《七聘》等著作，但是，流傳下來只有《水經注》一書。

15 古代傑出農學家，齊民要術奠奇功

——賈思勰·南北朝

生平簡介

姓　　名　賈思勰。
出 生 地　益都（今山東壽光市西南）。
生 卒 年　未詳。
身　　份　農學家。
主要成就　著有《齊民要術》。

名家推介

賈思勰（生卒年不詳），北魏時人，漢族，益都（今山東壽光市西南）人，他生活於我國北魏末期和東魏期間，曾經做過高陽郡（今山東臨淄）太守。

他是中國古代傑出的農學家，他將自己積累的許多古書上的農業技術資料、詢問百姓獲得的豐富經驗以及他自己的親身實踐，加以分析、整理、總結，寫成農業科學技術巨著《齊民要術》一書並流傳後世。

名家故事

一千四百多年前，我國南北朝時期，北魏出了一名傑出的農業科學家賈思勰。他是山東益都人，當過高陽郡太守，擁有廣泛的農事知識。他所撰寫的《齊民要術》是一部農業科學巨著，他因此聞名於世。

我國自古以來是一個農業大國，勞動人民在長期的生產實踐中積累了豐富的經驗，獲得了舉世矚目的成就。偉大的農業科學家賈思勰在先人經驗的基礎上，經過畢生的努力，第一次科學、系統、全面而又詳盡地總結了古代勞動人民的經驗，撰寫出農學巨著《齊民要術》。

《齊民要術》約撰寫於五三三至五四四年間，共十卷，九十二篇。「齊民」，指平民；「要術」，是從事生產生活重要事項的技術。它的內容極為豐富，使我國的農業科學第一次形成了系統的理論，建立了較為完整的農學體系，反映了我國古代農業生產和科學技術水準。

此書，從論述的種類看，在種植業中，既有穀類、纖維、油料、染料、香料、飼料及綠肥等大田作物，也有水生植物、瓜、果、蔬菜及林木栽培等；在養殖業中，既有畜禽的飼養，又有水產養殖。從農事方面看，自開荒到耕種，自生產前的準備到生產後的農產品加工、釀造與利用，都有詳細的記載。總之，農藝、園藝、土壤耕作、栽培技術、選種留種技術、畜牧獸醫、桑蠶技術以及農產品的加工貯藏、野生植物的經濟利用、有關動植物方面的知識，無所不有，真是豐富多彩，包羅萬象。它是我國現存最早、最完整、結構嚴謹、論述全面、脈絡清晰的一部農學著作，也是世界上最古老的農業科學專著之一。

在《齊民要術》中，賈思勰對當時黃河中、下游地區作物的生長規律，作了全面詳細的描述。比如：農作物分哪些種類，生長的條件是什麼，怎樣改善農作物的生長條件，農作物生長分哪幾個階段，各階段的需要有什麼不同，怎樣提高農作物適應環境的生長能力，都一一做了闡述，並有其獨到見解。以前的各種農業著述，對於農業耕種的重要性，遠遠不如他論述得那麼細緻、具體而透徹。他根據黃河中下游地區春季乾旱多風、氣溫回升快及夏日連雨的特點，不僅指出了耕種的重要性和品質要求，還詳細地闡述了怎樣進行深、淺、初、轉、縱、橫、順、逆、春、夏、秋、冬耕，規範了春耕、秋耕的基本措施，甚至連地耕壞了怎樣補救，也提出了具體辦法。

賈思勰的另一貢獻是將動物養殖技術向前推進了一步。在《齊民要術》一書中，他詳細記載了禽畜的飼養方法。指出飼養時要注意在群體中保持合理的雌雄比例。他在栽種瓜、果、蔬菜，植樹造林，養殖，釀造等篇中，詳細描述了怎樣進行多種經營，如何到市場銷售，怎樣多層次地利用農產品等有關經濟效益的內容。現代從事農產品加工、釀造、烹調、果蔬貯存、畜禽飼養的工作者，都可以從中找到古老的配方和技法。因而食品史學家對《齊民要術》頗為珍視。

現代學者從經濟科學角度研究《齊民要術》，認為賈思勰的著作不單是一部影響深遠的古代農業技術典籍，也是中國封建社會農業經營方法方面的百科全書。

賈思勰重視農業生產，尊重老農，經常訪問有經驗的農民，虛心向他們請教。他把長期蘊藏在勞動人民中的豐富的生產知識和技能發掘出來，從中汲取養分，極大地豐富了我國古代農學遺產，從而繼承並發揚了古代勞動人民的聰明才智。

他到過山東、山西、河北、河南等許多地區，從各地老農那裏學到了很多知識和經驗。他在「種穀」中記載了我國北方穀子品種名目達八十六種之多。從老農那裏他知道了：長著茅草的地，要先趕牛羊在上面踩過，七月間翻地，茅草才會死去。選種要選長得飽滿的、顏色純潔的穗子，割下來，高高掛起，到來年春天打下來播種。在風大霜重的山地種穀子，應當選用莖稈堅強的品種；在潮濕溫暖的低地種穀子，應當選用莖稈比較柔弱、生長茂盛的品種等，這些無不是他虛心請教所得。

《齊民要術》一書，反映了我國古代勞動人民的聰明才智，保留了我國古代農業生產的經驗。它不僅為促進我國古代農業生產的發展做出了卓越的貢獻，而且在世界農業科學發展史上，也稱得上是一部不朽的著作。

專家品析

賈思勰重視實踐，並虛心向老農請教，這在封建社會的知識分子中是少見的。由於他能把書本知識與生產實踐相結合，以實踐為基礎，親自嘗試，這就從根本上保證了《齊民要術》的科學性，賦予它科學的生命力，使之精練準確。

農史學家稱讚《齊民要術》中關於旱地耕作的精湛技藝和高度的理論概括，把當時黃河中下游旱地耕作技術推向新的高水準，使我國農學第一次形成精耕細作的完整體系。賈思勰的《齊民要術》是一部古代農業的經典著作。

科學成就

《齊民要術》由序、雜說和正文三大部分組成。正文共九十二篇，十卷，十一萬字。書中詳細介紹了各種家禽、家畜、魚、蠶等的飼養和疾病防治，並把農副產品的加工以及食品加工、文具和日用品生產等形形色色的內容都囊括在內，《齊民要術》對我國農業研究具有重大意義。

16 趙州橋存世千年，建築史堪稱奇跡

——李春．隋

生平簡介

姓　　名　李春。

出 生 地　河北邢臺。

生 卒 年　不詳。

身　　份　橋樑工匠。

主要成就　建造了舉世聞名的趙州橋。

名家推介

李春，生卒年代不詳。隋代造橋工匠，今河北邢臺臨城人士，隋開皇十五年至大業初年建造趙州橋（安濟橋）。

他設計營造的趙州橋存世一千四百多年，堪稱中國建築史上的奇跡之一，趙州橋開創了我國橋樑建造的嶄新局面，也為我國橋樑技術的發展做出了巨大貢獻。

名家故事

趙州橋建於隋代，隋朝統一中國後，結束了長期以來南北分裂、

兵戈相見的局面，促進了社會經濟的發展。當時的趙縣是南北交通必經之路，從這裏北上可抵重鎮涿郡（今河北涿州市），南下可達京都洛陽，交通十分繁忙。可是這一交通要道卻被城外的洨河所阻斷，影響了人們來往，每當洪水季節甚至不能通行，為此隋大業元年決定在洨河上建設一座大型石橋以結束長期以來交通不便的狀況。李春受命負責設計和大橋的施工。李春率領其它工匠一起來到洨河，對洨河及兩岸地質等情況進行了實地考察，同時認真總結了前人的建橋經驗，結合實際情況提出了獨具匠心的設計方案，按照設計方案精心細緻施工，很快就出色地完成了建橋任務。李春他們在設計和施工中創下許多技術成就，把我國古代建築技術提高到一個全新的水準。

趙州橋是安濟橋的俗稱，它位於今河北省趙縣城南五里的洨河上，橫跨洨河南北兩岸，是我國現存最早的大型石拱橋，也是世界上現存最古老、跨度最長的圓弧拱橋。大橋全長五十餘公尺，寬九公尺，主孔淨跨度為三十七公尺。全橋全部用石塊建成，共用石塊一千多塊，每塊石料重達一噸，橋上裝有精美的石雕欄杆，雄偉壯麗、靈巧精美。它以首創的敞肩拱結構形式、精美的建築藝術和施工技巧等傑出成就，在中外橋樑史上令人矚目，充分代表了我國古代勞動人民在橋樑建造方面的豐富經驗和高度智慧。

李春的趙州橋創新設計集中體現在以下三個方面：

圓弧拱形式設計，李春和工匠們一起創造性地採用了圓弧拱形式，使石拱高度大大降低。趙州橋的主孔淨跨度為三十七公尺，而拱高只有七公尺，拱高和跨度之比為「1：5」左右，這樣就實現了低橋面和大跨度的雙重目的，橋面過渡平穩，車輛行人非常方便，而且還具有用料省、施工方便等優點。當然圓弧形拱對兩端橋基的推力相應增大，需要對橋基的施工提出更高的要求。

採用敞肩設計，這是李春對拱肩進行的重大改進，把以往橋樑建築中採用的實肩拱改為敞肩拱，即在大拱兩端各設兩個小拱，靠近大拱腳的小拱淨跨為三點八公尺，另一拱的淨跨為二點八公尺。這種大拱加小拱的敞肩拱具有優異的技術性能，第一，可以增加洩洪能力，減輕洪水季節由於水量增加而產生的洪水對橋的衝擊力。古代洨河每逢汛期，水勢較大，對橋的洩洪能力是個考驗，四個小拱就可以分擔部分洪流。據計算四個小拱可增加過水面積百分之十六左右，大大降低洪水對大橋的影響，提高大橋的安全性。第二，敞肩拱比實肩拱可節省大量土石材料，減輕橋身的自重。據計算四個小拱可以節省石料二十六立方公尺，減輕自身重量七百噸，從而減少橋身對橋臺和橋基的垂直壓力和水準推力，增加橋樑的穩固。第三，增加了造型的優美，四個小拱均衡對稱，大拱與小拱構成一幅完整的圖畫，顯得更加輕巧秀麗，體現建築和藝術的完整統一。第四，符合結構力學理論，敞肩拱式結構在承載時使橋樑處於有利的狀況，可減少主拱圈的變形，提高了橋樑的承載力和穩定性。

單孔設計。按照中國古代的傳統建築方法，一般比較長的橋樑往往採用多孔形式，這樣每孔的跨度小、坡度平緩，便於修建。但是多孔橋也有缺點，如橋墩多，既不利於舟船航行，也妨礙洪水排泄；橋墩長期受水流衝擊、侵蝕，天長日久容易塌毀。因此，李春在設計大橋的時候，採取了單孔長跨的形式，河心不立橋墩，使石拱跨徑長達三十七公尺之多，這是中國橋樑史上的空前創舉。

趙州橋的三絕，「券」小於半圓。中國習慣上把弧形的橋洞、門洞之類的建築叫做「券」。一般石橋的券，大都是半圓形。但趙州橋跨度很大，如果把券修成半圓形，那橋洞就要高十八公尺。這樣車馬行人過橋，就好比越過一座小山，非常費勁。趙州橋的券是小於半圓的一段弧，這既減低了橋的高度，減少了修橋的石料與人工，又使橋體非常美觀，很像天上的長虹。

「撞」空而不實，券的兩肩叫「撞」。一般石橋的撞都用石料砌實，但趙州橋的撞沒有砌實，而是在券的兩肩各砌一兩個弧形的小券。這樣橋體增加了四個小券，大約節省了一百八十立方公尺石料，使橋的重量減輕了大約五百噸。而且，當洨河漲水時，一部分水可以從小券往下流，既可以使水流暢通，又減少了洪水對橋的衝擊，保證了橋的安全。

洞砌並列式，它用二十八道小券並列成九點六公尺寬的大券。可是用並列式砌，各道窄券的石塊間沒有相互聯繫，不如縱列式堅固。為了彌補這個缺點，建造趙州橋時，在各道窄券的石塊之間加了鐵釘，使它們連成了整體。用並列式修造的窄券，即使壞了一個，也不會牽動全域，修補起來容易，而且在修橋時也不影響橋上交通。

專家品析

趙州橋這樣突出的技術成就和像李春這樣傑出的橋樑專家，在封建社會中並不為封建統治者所重視，甚至在史書中也沒有留下多少痕跡，我們除了知道隋朝工匠李春設計建造了這座舉世聞名的大橋外，其它卻一無所知，不能不說是一個很大的遺憾。但是即使如此，我們仍然堅信：李春作為一代橋樑專家和趙州橋作為一座歷史名橋將永載祖國史冊，為後人所牢記。

科學成就

趙州橋的建成在我國橋樑史上具有重要影響，它的大跨度、圓弧拱、敞肩形式的設計，開創了橋樑建設新的天地。這座大橋自建成至今已有一千四百多年，這期間經歷了八次以上地震的影響，八次以上戰爭的考驗，堪稱中國建築史上的奇蹟。

17 大隋著名工程師，擅長工藝建古都

——宇文愷·隋

生平簡介

姓　　名	宇文愷。
字	安樂。
出生地	朔方夏州(今陝西靖邊縣境內)。
生卒年	五五五至六一二年。
身　　份	科學家、建築工程專家。
主要成就	著有《東都圖記》二十卷、《明堂圖議》二卷、《釋疑》一卷。

名家推介

宇文愷（555-612 年），字安樂，鮮卑族，朔方夏州（今陝西靖邊縣境內）人，中國隋代城市規劃和建築工程專家。

他出身於武將功臣世家，自幼博覽群書，精熟歷代典章制度和多種工藝技能，官至工部尚書。宇文愷一生的最偉大的造就是兩座都城大興、洛陽的建造。

名家故事

蜚聲中外的唐代都城長安以及東都洛陽，實際上都是在隋代建造的，創建這兩座歷史名城的第一功臣是傑出的建築學家宇文愷。

五八一年，楊堅建立隋朝，稱隋文帝。為了鞏固自己的統治地位，他大肆誅殺北周宗室宇文氏，以清除北周殘餘勢力。宇文愷原也被定為誅殺之列，由於宇文愷家族與北周宗室有別，二兄宇文忻又擁戴隋文帝有功，加上他本人的才華深得隋文帝的賞識，因而才幸免一死。隋文帝修建宗廟，宇文愷被起用，任命建造宗廟副監、太子左庶子，負責宗廟的興修事務。

隋朝建立之時，仍承襲北周以長安城為京都。長安城始建於漢代，已有近八百年的歷史，城市已顯得過於狹小，宮宇也很多都坍塌腐爛，加上供水、排水嚴重不通暢，污水往往聚而不泄，生活用水受到嚴重污染，已經不能適應社會發展和人們生活的需要，於是決定另建新的都城。

高熲主要是提出都城的總的制度，並負責總的施建方針，而具體的規劃、設計則是由宇文愷完成的，其它的副使主要是協助負責施工和材料管理各項事務。大興城的興建，不是在舊有基礎上進行改建、擴建而成的城市，而是在短時間內按周密規劃興建而成的嶄新城市。全城由宮城、皇城和郭城組成，先建宮城，後建皇城，最後建郭城。

開皇二年六月開始興建，十二月基本竣工命名為大興城，次年三月即正式遷入使用，前後僅九個月，其建設速度之快實令人驚歎。整個工程的規劃、設計、人力物力的組織和管理都應是相當精細和嚴謹的。在規劃設計和建設施工中，還得考慮地形、水源、交通、軍事防禦、環境美化、城市管理、市場供需等的配套，以及都城作為政治、軍事、經濟、文化中心的特點等諸多方面的因素，解決一系列複雜的問題。因此，大興城的興建標誌著當時的中國所達到的經濟和科學技術水準。

大興城的規劃吸取了曹魏鄴城、北魏洛陽城的經驗，在整體對稱的原則下，沿著南北中軸線，將宮城和皇城放置在全城的主要地位，郭城則圍繞在宮城和皇城的東、西、南三面。分區整齊明確，象徵著皇權的威嚴，充分體現了中國古代京都規劃和佈局的獨特風格，反映了統治者專制集權的思想和要求，特別是把宮室、官署區與居住區嚴格分開，是一大創新。

宮城位於南北中軸線的北部，城內有牆把宮城分隔成三部分，中部是大興宮，由大興殿等數十座殿臺樓閣組成，是皇帝起居、聽政的場所。東部為東宮，專供太子居住和辦理政務。西部為掖庭宮，是安置宮女學習技藝的地方。

皇城在宮城南面，由一條橫街與宮城相隔，皇城是軍政機構和宗廟的所在地。郭城，又稱羅城、京城，城中的街道都很寬，通向城門的街道的寬度都在百尺以上，最寬的是界於宮城和皇城之間的橫街，寬達二百二十公尺以上，位於南北中軸線上的主乾道朱雀大街寬一百五十公尺；不通城門的街道寬四十至六十公尺，最窄的是四周沿城牆內側的順城街，寬二十五公尺。里坊都築有坊牆，坊中也有街道。大的里坊四面開四個坊門，中間開闢十字街，小的里坊開東西二門，有一條橫街。這些縱橫相交的街道形成一個交通網絡，井然有序。各大街的兩側都開有排水溝，街道兩旁種植榆、槐為主的行道樹，株行距整齊，使道路成為寬廣筆直的林蔭大道，為城市增添了風采。

在當時的社會、經濟、科技條件下，大興城有如此規模的建設和成就，是值得人們讚頌的。大興城的設計和佈局思想，不但對中國後世的都市建設有著很大的影響，而且對日本、朝鮮的都市建設也有著深刻的影響。

隋煬帝楊廣繼位後，要營建洛陽，又由宇文愷負責監造，宇文愷把東都洛陽建築得極其壯麗，因此被升為工部尚書。他曾經建造大帳，帳下可以容納數千人。又造觀風行殿，殿上可以容納侍衛數百人，行殿下裝輪軸，可以迅速拆卸和拼合。他曾建議按古制建築明堂，「下為方堂，堂有五室，上為圓觀，觀有四門」，並曾用木料製作了模型。雖然沒有興建，卻表現了他的巧思和學識的淵博。大業八年宇文愷不幸病卒，終年五十七歲。

專家品析

宇文愷的一生，主要是擔任營造方面的高級官員，主持過許多大型的建築工程，起著相當於現在工程總指揮、總設計師和總工程師的作用。他在建築方面取得了許多重大的成就，有些成就甚至具有劃時代的意義。但應該指出的是，在他設計和主持的工程中，除了開鑿廣通渠，客觀上有利於國計民生外，其餘大多是為了滿足統治者的統治需要，尤其是宮殿建築，不顧勞民傷財，取悅帝王。但是，從建築歷史的角度來說，他的歷史功績是不可磨滅的。

科學成就

宇文愷在建築學方面的著述有《東都圖記》二十卷，《明堂圖議》二卷，《釋疑》一卷。但除《明堂圖議》的部分內容保存在《隋書·

宇文愷傳》、《北史・宇文貴傳》和《資治通鑒》等史籍中，其它的後來都遺失了，這實是建築學史上的一大損失。

18 世界歷史藥王譽，華人奉他為醫神

——孫思邈．唐

生平簡介

姓　　名	孫思邈。
出 生 地	京兆華原（今陝西耀縣）。
生 卒 年	五八一至六八二年。
身　　份	醫學家、藥物學家、道士。
主要成就	編寫《千金方》、《千金要方》、《千金翼方》。

名家推介

孫思邈（581-682 年），漢族，唐朝京兆華原（現陝西耀縣）人，著名的醫師與道士。他是中國乃至世界史上著名的醫學家和藥物學家，被譽為「藥王」，許多華人奉他為「醫神」。

他一生致力於醫學臨床研究，對內、外、婦、兒、五官、針灸各科都很精通，有二十四項成果開創了我國醫藥學史上的先河。一生著書八十多種，其中以《千金要方》、《千金翼方》影響最大，合稱為《千金方》，被譽為我國最早的一部臨床醫學百科全書。

名家故事

孫思邈七歲時讀書，就能每天背誦上千字的文章，到了二十歲，就能侃侃而談老子、莊子的學說，並對佛家的經典著作十分精通，被人稱為「聖童」。但他認為走仕途、做高官太過世故，不能隨意，就多次辭謝了朝廷的封賜。隋文帝讓他做國子博士，他也稱病不做。唐朝唐太宗繼位後，召他入京，見到他五十多歲的人竟能容貌氣色、身形步態都如同少年一般，十分感歎，便慨歎說：「有道之人真是值得人尊敬呀！像羨門、廣成子這樣的神仙人物原來世上竟是有的，怎麼會是虛言呢？」太宗皇帝還想授予他爵位，但仍是被孫思邈拒絕了。高宗繼位後，又邀他做諫議大夫，他同樣沒有答應。孫思邈歸隱的時候，高宗又賜他良駒，還有已故的鄱陽公主的宅邸居住，就連當時的名士宋令文、孟詵、盧照鄰等文學大家都十分尊敬他，以對待師長的禮數來侍奉他。

一次，盧照鄰問孫思邈一個問題：「名醫能治癒疑難的疾病，是什麼原因呢？」他答道：「對天道變化瞭若指掌的人，必然可以參政於人事；對人體疾病了解透徹的人也必須根源於天道變化的規律。天候有四季，有五行，相互更替而輪迴。那麼又是如何運轉呢？天道之氣和順而為雨；憤怒起來便化為風；凝結而成霜霧；張揚發散就是彩虹。這是天道規律，人也相對應於四肢五臟，晝行夜寢，呼吸精氣，吐故納新。人身的氣流注全身而形成營氣、衛氣；顯現於氣色精神；發於外則為音聲，這就是人身的自然規律。陰陽之道，天人相應，人身的陰陽與自然界並沒什麼差別。人身的陰陽失去平衡時，人體氣血上沖則發熱；氣血不通則生寒；氣血蓄結生成瘤或贅物；氣血下陷成癰疽；氣血狂越奔騰就是氣喘乏力；氣血枯竭就會精神衰竭。各種徵候都顯現在外，氣血的變化也表現在形貌上，天地不也是如此嗎？」孫思邈的回答十分精彩，也足見其醫學上的造詣頗深。

他所著的《備急千金要方》，簡稱《千金要方》，共三十卷，內容極為豐富。分醫學總論、婦人、少年嬰兒、七竅、諸風、腳氣、傷寒、內臟、癰疽、解毒、應急處方、食治、平脈、針灸等，共計二百三十二門，收處方五千三百首。特別值得注意的是，書中首創「複方」。《傷寒論》的體例是一病一方，而孫思邈在《千金要方》中發展為一病多方，還靈活變通了張仲景的「經方」。有時兩三個經方合成一個「複方」，以增強治療效果；有時一個經方分成幾個單方，以分別治療某種疾病。這是孫思邈對醫學的重大建樹，是我國醫學史上的重大革新。《千金翼方》是對《千金要方》的補編。書名含有和《千金要方》相輔相濟、羽翼雙飛的意思。此書共三十卷，其中收錄了唐代以前本草書中所未有的藥物，補充了很多方劑和治療方法。記載藥物八百餘種。這兩部書，合稱為《千金方》，收集了大量的醫藥資料，是唐代以前醫藥成就的系統總結，也是我國現存最早的醫學類書，對學習、研究我國傳統醫學有重要的參考價值。

由於孫思邈結合實踐，虛心地廣泛地學習各家之長，所以醫學水準很高，有許多獨特的貢獻。其中，對腳氣病的治療最為擅長。腳氣病是由於人體缺乏維生素 B 引起的。這種病多少年來一直折磨著江南一帶群眾。孫思邈在學習前人和總結群眾經驗的基礎上，經過長期探索，終於提出一個有奇效而又簡便的防治方案，那就是用防己、細辛、犀角、蓖麻葉、蜀椒、防風、吳茱萸等含有維生素 B_1 的藥物來治療，用含有維生素 B_1 的穀皮（楮樹皮）煮湯調粥常服來預防，這在世界醫學史也是非常先進的。孫思邈特別重視婦幼保健，是創建婦科的先驅。他在《千金要方》中首列婦科三卷、兒科一卷，把婦兒科放在突出的地位。他還打破當時醫學界的陋習，主張用綜合療法治病。

孫思邈在有生之年為醫藥事業作了那麼多重大的貢獻，臨終時，卻留下遺囑要薄葬，這種精神是很可貴的，他深受百姓的愛戴和敬仰。他的家鄉人民給他修廟立碑，把他隱居過的「五臺山」改名為「藥王山」。山上至今保留有許多有關孫思邈的古跡，如「藥王廟」、「拜真臺」、「太玄洞」、「千金寶要碑」、「洗藥池」等，並在山上為他建廟塑像，樹碑立傳。每年農曆二月初三，當地群眾都要舉行廟會，以紀念曾為我國醫學事業做出巨大貢獻的著名醫學家孫思邈。

專家品析

孫思邈一生致力於醫學臨床研究，對內、外、婦、兒、五官、針灸各科都很精通，有二十四項成果開創了我國醫藥學史上的先河，特別是其論述的醫德思想，宣導的婦科、兒科、針灸穴位等都是先人未有的。他是繼張仲景之後中國第一個全面系統研究中醫藥的先驅者，為祖國的中醫發展立下了不可磨滅的功績。

孫思邈是古今醫德醫術堪稱一流的名家，尤其對醫德的強調，為後世的習醫、從醫者傳為佳話。他在名著《千金方》中，也把「大醫精誠」的醫德規範放在了極其重要的位置上來專門立題，重點討論。而他本人，也是以德養性、以德養身、德藝雙馨的代表人物，成為歷代醫家和百姓尊崇備至的偉大人物。

科學成就

孫思邈一生著作八十餘部，除了《千金要方》、《千金翼方》外，還有《老子注》、《莊子注》、《枕中素書》一卷、《會三教論》一卷、《福祿論》三卷、《攝生真錄》一卷、《龜經》二卷等。

19 測量地球子午線，彙編制定大衍曆

——僧一行．唐

生平簡介

姓　　名　僧一行。

本　　名　張遂。

出 生 地　河北省邢臺市鉅鹿縣。

生 卒 年　六八三至七二七年。

身　　份　僧人、數學家、天文學家。

主要成就　創制《大衍曆》。

名家推介

僧一行（683-727 年），本名張遂，漢族，邢州鉅鹿（今河北省邢臺市）人，青年時期出家當了和尚，一行是他的法名。

他是唐代最著名的數學家、天文學家。他從事了世界上第一次對子午線的實測，對曆法科學做出了重要的貢獻，推算出「開元大衍曆」，後世有人稱讚它「歷千古而無誤差」，可惜他的著作後來全部散失了。

名家故事

一行自幼聰明敏捷，過目不忘，二十歲左右便博覽經史，對天文曆算尤其感興趣。他曾向長安玄都觀道士尹崇借閱揚雄的《太玄經》，不幾天，便去還書。尹崇大惑不解，對一行說：「此書意義深奧，我鑽研很多年還不很了解，你正可細加研求，何必急著還書呢？」沒想到一行竟回答：「我已經明白了其中的道理。」說著一行便拿出他新寫成的《大衍玄圖》和《義訣》，經過一番交談討論，尹崇終於相信一行果然已得《太玄經》奧秘。尹崇稱讚一行是顏回再世，從此一行名聲大振。當時正趕上武三思專權，武三思出於某種目的，想與一行結交，一行卻鄙視武氏作為，躲著不見。不久，一行便出家為僧。一行為了學算術，不遠千里來到天臺山國清寺，向一位隱名大德請教。得到他的指點後，一行算術更精，聲振遐邇。

景龍四年，唐睿宗李旦繼位，睿宗便命東都留守韋安石禮聘一行出山，一行又稱病婉言回絕，隨即又回到荊州當陽山，向沙門悟真學習梵律。到開元五年，唐玄宗又命一行族叔張洽到荊州，硬將一行請出山。玄宗將一行請入皇宮後，問他有什麼本領，一行當時特別謙虛，玄宗便叫宦官拿出一本宮女名冊，一行瀏覽一過，便能掩卷背誦，無一遺漏，玄宗稱讚一行為聖人。

此後一段時間，一行常留住宮中，玄宗幾次詢問他安國撫民之道，一行都坦率答對。實際上，一行進京後的主要工作是想研究科學，具體地說，就是研究天文曆法。

開元九年，麟德曆預報日食不準，表明誤差已越來越大，應及早修正。唐玄宗便把這一任務交給一行，要他考證先前曆法，修改編撰新的曆法，一行受命後不是對舊曆進行簡單的增改，而是決心在實測日月行星運行情況的基礎上另編新曆，為此，一行受命之初，便要求重造已失的黃道游儀和水運渾天儀，新造的這兩種儀器是在當時著名的機械師梁令瓚和一行共同努力下完成的。這兩種儀器雖是分別脫穎於唐初天文學家李淳風所作的渾儀和東漢張衡所作的水運渾天儀，但又有所創新和發展。他們在水運渾天儀上安上自動報時器，這實際上是世界上最早的機械鐘。在漏壺的製作方面，梁令瓚、一行等設計了平行聯動裝置，實際上也是最早的擒縱器。

開元十三年、十四年，一行分別派人到北起鐵勒（今俄羅斯貝加爾湖附近），南起林邑（今越南中部）的十三個地點，測量地理緯度，冬、夏至和春、秋分日影長度，以及冬、夏至晝夜漏刻長度，為編造新曆提供必要資料。一行等實測的子午線長度與近代測量結果相比雖有一定誤差，但它畢竟是世界上第一次實測子午線，其意義自然不可低估。這一實測工作的意義還在於，它以實測結果再次推翻了《周髀算經》的說法，從而完全否定了蓋天說的理論，進一步確立渾天說的穩固地位。

經過幾年的準備，一行從開元二十三年著手編修新曆，到開元二十五年完成草稿，同年一行去世。遺著經張說、陳玄景等人整理編定，共五十二卷。其中包括：專題探討、評說古今曆法優劣的《曆議》十卷；研究前代各家曆法的論集《古今曆書》二十四卷；翻譯、研究印度曆法的《天竺九執曆》一卷；新曆法本身的各種數值表《立成法》十二卷；推算古今若干年代日月五星位置的長編《長曆》三卷以及新曆法本身《開元大衍曆經》一卷。這些論著構成了一個內容豐富多彩、結構嚴謹完善的體系，為我國曆法史上的一大創舉，這就是一行的《大衍曆》。

一行的《大衍曆》比過去有許多創新，大衍曆第一次以表格形式給出了二十四節氣的食差值，首創了九服食差的近似計算法，還首次提出九服晷漏的近似計算法。一行確立的不等間距的二次內插公式，這也證明一行具有很高的數學造詣。

由於一行對我國的天文曆法研究做出不可磨滅的貢獻，所以一行圓寂後，唐玄宗賜封他「大慧禪師」美稱，並親自書寫題字為一行製作碑文，實際上，一行的成就對世界的影響無疑也是中華民族的驕傲。

專家品析

一行制定新曆法，花了七年的時間，參考了大量的資料，做了許多實測，又製作儀器，以嚴謹的科學精神，終於寫成《大衍曆》。一行在天文、曆法、儀器製造和數學等方面都有很大的功績，是一位在中國科學技術史上卓有建樹的著名天文學家。

一行在世時，曾發明了不少觀測天象的儀器，並修正了多顆恆星的位置，當然更重要的是他在開元年間成功地測量了子午線。在唐朝時能操作的以上工程，現在看來不可思議。一千多年後，為紀念這位出色的中國古代天文學家，國際小行星組織將一顆星星命名為「一行小行星」。

科學成就

從開元十三年起，一行開始編著《大衍曆》，歷時兩年完成。一行不幸去世時年僅四十五歲。《大衍曆》後經人整理成書。從開元十七年起，根據《大衍曆》編算成的每年的曆書頒行全國，經過檢驗，《大衍曆》比唐代已有的其它曆法都更精密。

20 茶山御史精茶道，茶經三卷後世傳

——陸羽 · 唐

生平簡介

姓　　名	陸羽。
字	鴻漸。
出 生 地	唐朝復州竟陵（今湖北天門市）。
生 卒 年	七三三至八〇四年。
身　　份	唐代著名文人，茶聖。
主要成就	為中國茶業和世界茶業發展作出了卓越貢獻。

名家推介

陸羽（733-804 年），字鴻漸，漢族，唐朝復州竟陵（今湖北天門市）人，號「茶山御史」。他一生愛茶，並精於茶道，對中國茶業和世界茶業發展做出了卓越貢獻，被譽為「茶仙」，尊為「茶聖」，祀為「茶神」。

陸羽對茶葉有濃厚的興趣，並長期實施調查研究，熟悉茶樹栽培、育種和加工技術。他隱居江南各地後，一心撰寫《茶經》三卷，使之成為世界上第一部茶葉專著。《全唐文》有《陸羽自傳》。

名家故事

陸羽大約出生於唐玄宗開元二十一年，幼年時被丟棄在天門竟陵的一座小石橋下，當時竟陵龍蓋寺主持智積禪師路過小橋時，聽到群雁哀鳴和嬰兒的啼哭聲，禪師尋下橋去看，發現一個嬰兒凍得瑟瑟發抖，啼哭不止，一群大雁唯恐嬰兒受凍，都張開翅膀為嬰兒遮擋寒風，於是禪師抱回嬰兒到寺中撫養。後人把這座小石橋稱為「古雁橋」，橋附近的街道，稱為「雁叫街」，街口的一座牌坊稱為「雁叫關」。

因為嬰兒無姓無名也無法知道父母是誰，智積禪師便用《易經》卜卦，為嬰兒取名，禪師按照卦辭為嬰兒定姓為「陸」，取名為「羽」，字「鴻漸」。此事在《唐國史補》和《新唐書陸羽傳》中均有記載。

陸羽長大後，智積禪師教他學文識字，習誦佛經，還教他煮茶。陸羽雖然生長在寺廟之中，與古佛青燈黃卷為伴，但他執意不願削髮為僧。智積禪師見陸羽桀驁不馴，罰他掃寺院、潔僧廁，但陸羽沒有屈服，於十二歲那年逃離了寺院。

陸羽雖然相貌醜陋，且有口吃，但他聰明過人，且機智幽默，不但演丑角很成功，後來還編寫了三卷笑話書《謔談》。唐天寶五年，河南尹李齊物被貶為竟陵太守，李齊物到任之後移風易俗，勵精圖治，且慧眼識英才，他十分賞識陸羽的才華和抱負，並且非常同情陸羽的身世。李齊物不僅贈送詩書給陸羽，而且介紹陸羽去火門山鄒夫子處讀書。陸羽在讀書之餘，常在龍尾山採野生茶，為鄒夫子煮茶。鄒夫子看他愛茶成癖，便請人在火門山南坡鑿了一眼井，後人稱為「陸子泉」。此井清澈如鏡、甘冽醇厚、四季常盈，現在佛子山鎮的村民們仍用此泉飲用和灌溉。火門山求學，使陸羽真正開始了學子生涯，這對陸羽後來成長為唐代著名文人、被尊為「茶聖」具有不可估量的意義。

唐天寶十年，禮部郎中崔國輔被貶為竟陵司馬，在這一年，陸羽也告別了鄒夫子離開了火門山。崔國輔比陸羽足足年長四十六歲，但這一老一少，一官一民卻結為「忘年之交」。他們交遊三年，常在一起品茶鑒水、談詩論文，友誼至深。唐天寶十三年陸羽為考察茶事，出遊巴山峽川，行前崔國輔以白驢、烏牛及文槐書函相贈。

唐天寶十四年，安祿山在范陽起兵叛亂，陸羽隨著陝西湧向南方的難民渡過了長江，沿著長江對湖北、江西、江蘇、浙江等地的江河山川和風物特產，尤其是茶園名泉進行了實地考察。至德二年春，陸羽流落到太湖之濱的無錫，到無錫後，陸羽結識了無錫縣尉皇甫冉。後來陸羽來到吳興，結識了唐代有名的詩僧皎然，陸羽與皎然心靈相通，相見恨晚。陸羽與皎然的佛俗情緣達到了生死超然的境界，他們的情誼亦被載入了《唐才子傳》，為後人所仰慕。

上元元年，陸羽結廬苕溪之濱，開始了他閉門著書的生活，在他隱居期間，一方面繼續遊歷名山大川訪泉問茶，廣泛搜集資料，一方面同名僧高士保持交往，尋求知音，共研茶道。在結廬苕溪的第二年，陸羽撰寫了《陸文學自傳》。由於陸羽的誠信人品以及對佛學、詩詞、書法的造詣，特別是淵博的茶學知識和高超的烹茶技藝，為他在浙江湖州士官僧俗各界贏得了崇高的聲望。特別是永泰元年，陸羽的《茶經》初稿完成後，社會名流們爭相傳抄，廣受好評，使得陸羽的聲譽大增。

陸羽劃時代的科學巨著《茶經》寫作過程前後經歷了近三十年時間。據《中國茶文化今古大觀》考證：陸羽著《茶經》經過學茶啟蒙階段、鑒泉品茶階段、江南考察和閉門著書階段以及修改充實成書階段，直到建中元年左右才完成。陸羽以他的人品和豐富的茶學知識名震朝野，朝廷曾先後兩次詔用陸羽，陸羽都婉言拒絕。在成名後的晚年，陸羽依然是四處品泉問茶，先後到過紹興、餘杭、蘇州、無錫、宜興、丹陽、南京、上饒、撫州等地，最終又返回湖州。於貞元末年，陸羽走完了他的人生之路，悄然逝去，葬於浙江湖州市郊區東南約三十公里處的杼山。

專家品析

陸羽把中華民族的五行陰陽辯證法、道家天人合一的理念、儒家的中和思想等博大精深的精神濃縮在一碗茶湯之中，他對中國茶文化貢獻之大無人比擬，所以他死後被譽為「茶聖」，奉為「茶神」，尊為「茶仙」。

陸羽對茶學的主要貢獻歸納為四個方面：一是著述《茶經》，創立了中國茶道；二是推動了茶葉生產的發展；三是推動了中國茶文化的發展；四是為後代茶人樹立精行儉德的榜樣。

科學成就

陸羽所著《茶經》三卷十章七千餘字，是對唐代和唐以前有關茶葉的科學知識和實踐經驗的系統總結；陸羽躬身實踐，取得茶葉生產和製作的第一手資料後，又遍覽群書，廣採博收茶家採製經驗的結晶。《茶經》一經問世，即風行天下，為時人學習和珍藏。

21 天文機械製造家，藥學經典本草圖

——蘇頌・北宋

生平簡介

姓　　名　蘇頌。
字　　　　子容。
出 生 地　泉州同安。
生 卒 年　一〇二〇至一一〇一年。
身　　份　天文學家、藥物學家、宰相。
主要成就　著有《圖經本草》、《新儀象法要》等。

名家推介

蘇頌（1020-1101 年），字子容，漢族，福建泉州南安人。宋代天文學家、天文機械製造家、藥物學家。

蘇頌勤於攻讀，精通經史，他學識淵博，陰陽、五行、星曆、山經、本草無不鑽研。蘇頌作為歷史上的傑出人物，其主要貢獻是在科學技術方面，特別是在醫藥學和天文學方面的突出貢獻，以製作「水運儀象臺」聞名於世。

名家故事

蘇頌在掌握張衡、一行、張思訓等的科技成果之後所作出的新創造，突出地表現在他所研製的水運儀象臺上，蘇頌和韓公廉在完成水運儀象臺之後，又研製了一臺單獨的水力推動的渾天象。為了能更直觀地理解星宿的昏曉出沒和中天，蘇頌又設計出一種假天儀，人鑽入天球內觀看，在天球上鑿孔為星，十分逼真。這是我國歷史上第一架有明確記載的假天儀，它的創造性也是前無古人的。

蘇頌第一次領導科技工作是從嘉祐二年任校正醫書官開始的。最初他參與編撰《嘉祐本草》，後來又領導《圖經本草》的編寫工作。他在領導這一工作時採用了發動廣大醫師和藥農呈送標本和藥圖，並寫出詳細說明的方法，改變了以往從書本到書本的脫離實物的弊病，從而為糾正藥物的混亂與差錯做出了重大貢獻。

蘇頌做科技工作時，不但指導全域，而且親自動手，不怕煩瑣，不畏勞苦。《圖經本草》的標本、藥圖和說明文字來自四面八方，為整理這堆積如山、其亂如麻的原始材料，他提出了六項原則。蘇頌的前三項原則是想盡一切辦法把問題研究明白；後三項原則是實事求是，既不輕易捨棄來自基層的資料，也不急於作出判斷，而是兩種並存或互相借鑒，這也是他的工作能取得重大成就並經受住時間考驗的一個重要原因。

由於採取上述原則，蘇頌經過統一整理，重加撰述，終於在嘉祐六年完成了流傳至今的第一部有圖的本草書。

蘇頌第二次領導科技工作是元祐元年十一月受命組成了「詳定製造水運渾儀所」，研製水運儀象臺。這個機構的組成人員都是經過他的尋訪調查或親自考覈，而確定下來的。蘇頌接受這項科技工作後，首先是四處走訪，尋覓人才。他發現了吏部令史韓公廉通《九章算術》，且知曉天文、曆法，立即奏請調來專門從事水運儀象臺的研製工作。接著，他走出汴京到外地查訪，發現了在儀器製造方面學有專長的壽州州學教授王沇之，然後，又考核太史局和天文機構的原工作人員，選出周日嚴、于太古、張仲宣等，協助韓公廉工作。

蘇頌發現人才後，還進一步放在實踐中加以考察。調來韓公廉後，他經常與韓公廉討論天文、曆法和儀器製造，蘇頌讓韓公廉寫出書面材料。不久，韓公廉寫出《九章勾股測驗渾天書》一卷。蘇頌詳盡閱讀後，命韓公廉研製模型。韓公廉又造出木樣機輪一座。蘇頌對這個木樣機輪進行嚴格實驗，並報請皇帝。

蘇頌對研製工作是慎之又慎的。他認為，有了書，做了模型還不一定可靠，還必須做實際的天文觀測，才能進一步向前推進，以免浪費國家資財。經過多次實驗證明韓公廉的設計是準確的，於是在元祐三年五月造成小木樣呈進皇帝，宋哲宗指派翰林學士許將等進行試驗和鑒定。這時蘇頌才開始正式用銅製造新儀，經過三年零四個月的工作，終於製成了水運儀象臺。

蘇頌領導科技工作的一大特點是能深入鑽研業務，力求精通他主管的工作。嘉祐初年領導編寫醫書時，他研讀了從《內經》到《外臺秘要》的歷代醫藥著作，並親自校訂了《神農本草經》等多種典籍，使自己通曉了本草醫藥知識。他領導研製水運儀象臺期間，對兩漢、南北朝、唐、宋各代的天文著作和儀器也作了研讀與考察。他還勤於向自己的下屬學習，如向韓公廉請教曆算，與局生親量圭尺，和學生躬察漏儀。由此，他從一個對天文儀器、機械設計、本草醫藥知之不多的外行，變成了名副其實的專家。

蘇頌在天文儀器、本草醫藥、機械圖紙、星圖繪製方面，都能站在時代的前列，他善於集中群眾的智慧，組織集體攻關；善於發現人才，並大膽地提拔任用人才；勤於實驗，設計多種方案，反覆進行實驗；勇於實踐，大膽地進行全國性藥物普查；尊重科學，實事求是，一時研究不通的問題，寧可存疑，絕不牽強，以上這些都體現了他在科學上的開拓進取和創新精神。

專家品析

蘇頌是宋朝時的宰相，為政清廉，勤政愛民，當官近六十年，為後人留下很多科學著作。作為一位政治家、外交家、天文學家、藥物學家、文學家、歷史學家，蘇頌流傳後世的是首創的世界第一座天文鐘「水運儀象臺」模型。他首創的「水運儀象臺」獲得三項世界第一。

他所撰寫的《本草圖經》開創了現代醫學氣霧療法的先河，同時也是現代分析化學鑑別法的創始者。不僅如此，圖文並茂的《本草圖經》還對礦物學、地學、動植物藥學、地理學、歷史學有著廣泛的涉獵和研究。此外，本書所運用的科學方法集中了比較法、鑒別法、普查法、實踐法、求是法於一體，堪稱對後世醫學發展具有影響的一部本草學巨著。

科學成就

天文學家蘇頌創建的「水運儀象臺」是中國古代一種大型的天文儀器，它是集觀測天象、演示天象、計量時間的漏刻和報告時刻的機械裝置於一體的綜合性觀測儀器，就是一座小型的天文臺。這臺儀器的製造水準堪稱一絕，充分體現了我國古代人民的聰明才智和富於創造的精神。

22 活字印刷發明人，造福世界科技魂

——畢昇．北宋

生平簡介

姓　　名　畢昇。

別　　名　畢晟。

出 生 地　北宋淮南路蘄州蘄水縣直河鄉（今湖北英山縣草盤地鎮）。

生 卒 年　約九七〇至一〇五一年。

身　　份　發明家。

主要成就　發明活字版印刷術。

名家推介

畢昇（約 970-1051 年），漢族，北宋淮南路蘄州蘄水縣直河鄉（今湖北英山縣草盤地鎮五桂墩村）人，一說為浙江杭州人。中國發明家，發明活字版印刷術的科學家。

畢昇發明了膠泥活字印刷術，被認為是世界上最早的活字印刷技術，活字印刷術的發明，是印刷史上的一次偉大革命，為我國古代四大發明之一，它為我國文化經濟的發展開闢了廣闊的道路，畢昇為推動世界文明的發展做出了卓越貢獻。

名家故事

北宋，國都汴梁的大街上，車水馬龍，熱鬧異常。坐落在東門大街上的萬卷堂書坊也是人來客往，生意十分興隆。然而，書坊的雕刻工廠裏卻鴉雀無聲，幾十個雕刻匠人正伏在桌子上聚精會神地雕刻著雕版。萬卷堂書坊是汴梁城裏最大的一個專營雕版印刷的手工業作坊。所謂雕版印刷就是先把文字抄在半透明的紙上，再把紙反貼在一塊棗木或梨木板上，然後進行雕刻，雕刻好的木板就成了雕版，用它來進行印刷就是雕版印刷。

在這些工人中有一個三十多歲、臉龐清瘦的青年，他身著半舊不新的粗麻布衣服，濃黑的眉毛下嵌著一對炯炯有神的大眼睛，他就是畢昇。小時候，他家裏很窮，上不起學，他便在學堂窗外偷聽老師講課，在書坊雕刻常偷看匠人們刻雕版，他勤奮好學，天天讀書寫字，什麼真、草、隸、篆、甲骨文都學著寫。沒有錢買紙筆就在地上、牆上練習。因此，不到十五歲，就認識了不少字，而且練就了一筆好字，現在他是一個技術精通的刻版匠人，正為如何改革雕版印刷而努力。

一天，他對大家說：「師傅們，這種雕版印刷方法非改革不可，我畢昇有這個決心。希望大家出點子，想辦法，多多幫助。」

「怎麼改？好多能人都改不了，何況咱們呢。」「別異想天開了，還是老老實實刻我們的字吧。」大家七嘴八舌好一陣子也沒出個好主意。

畢昇卻沒有停止思考，經過幾個月的苦苦思索，忽然從圖章上受到了啟發。他想，像圖章一樣，一個方塊刻一個字，然後排列起來，黏在一起，不是和雕版一樣了嗎？這時已經是一〇四八年的冬天了。

雖然天氣很冷，他仍然伏在桌上，用小刀在一塊塊半寸見方的小木塊上刻著字，手凍僵了，就用嘴噓噓熱氣再刻。就這樣，他白天上工，晚上刻字，三千多個常用字終於刻完了。

天剛亮，畢昇就起來了，急急忙忙吃過早飯，便背著個大柳條筐，跨進了萬卷堂書坊的雕刻工廠。他興奮地說：「諸位師傅，我用了幾個月時間，已經把木活字刻好了。今天我想實驗一下，請大家指教。」

大家聽了畢昇的話，都有點兒驚奇，有的人帶著半信半疑的神情從筐裏拿出了幾個木活字問：「用這個東西有什麼好處呢？」畢昇不急不忙地說：「活字印刷，印完了可以把字拆下來，下次再用。這不是比雕版印刷好嗎？」「字這麼多，你怎樣把需要的字一個一個揀出來呢？」「請大家仔細看，我是把字按讀音歸類的。一種韻部一個類，同一類的字放在一個盤子裏，然後再按部首筆劃排出順序，揀起來是十分方便的。」「可是，怎樣把字排在一起又使它們不分開，而且使字面平整呢？」當看到畢昇把木活字夾在一塊有方格的鐵框板裏，用燒化了的松香之類的東西把沒有字的一頭黏在鐵板上，拼成了一塊活字版後，大家不住地點頭稱讚。

畢昇在字上塗了油墨，開始印刷了，可是印著印著，字跡漸漸變大，筆劃也越來越模糊了。原來是選用的木材出了問題。有個師傅說：「我想，最好能用一種既便於雕刻又不吸水的東西代替，可它又不是木料。到底是什麼我一時想不出。」他的話引起了大家的興趣，你一言我一語，紛紛議論起來。這時，畢昇看到一個年輕工匠手中的茶壺，心中猛然一動，脫口而出：「有了！有了！」

大家聽了畢昇的話都有點莫名其妙。畢昇鎮靜了一下，微笑地說：「我看到了茶壺，猛然想起製活字的東西來了。如果用膠泥弄成坯刻上字，再放進窯裏煅燒，不就可以製成不吸水又不易變形的活字了嗎？」

後來畢昇來到了離京城不遠的一個地方，這裏出產一種土質細而黏性強的泥土。在窯場工人們的幫助下，世界上第一批泥活字就這樣在一個平民手中誕生了！

在大家的祝賀聲中，畢昇進行了活字印刷的表演。只見他從屋裏取出一個有方格的鐵框板，又從衣兜裏掏出一包松香均勻地鋪在上面，然後，便把鐵框板放在爐子上加熱。松香一遇熱就熔化了。這時，畢昇按著一位師傅遞過來的一篇文章迅速把活泥子從字盤中揀出來，依次放進鐵框。不一會兒，鐵框內就排滿了字。畢昇把鐵框板從火爐上拿下來，迅速用一塊平平的木板在字面上輕輕壓了壓，字面就平整了。松香一凝固，一框泥活字也就整齊地黏在一起，非常牢固。看到這裏，大家齊聲叫起好來。

畢昇仔仔細細把墨均勻地塗在字面上，然後小心翼翼鋪上白紙，熟練地印起來。一張，兩張，十張，百張……一連印了三百張，張張都很清楚。周圍的人都非常激動，活字印刷完全實驗成功了，我國及世界印刷史上一次劃時代的革命成功了。

專家品析

畢昇活字印刷術的發明，是印刷史上的一次偉大革命，是我國古代四大發明之一。畢昇為我國文化經濟的發展開闢了廣闊的道路，為推動世界文明的發展做出了重大貢獻。

不管現代印刷技術如何先進，都是在這個基礎上發展起來的，都是為了加快印刷速度，提高印刷品質。這種方法很快傳遍世界，使印刷技術發生了巨大變革。現在的凸版鉛印，雖然在設備和技術條件上是宋朝畢昇的活字印刷術所無法比擬的，但基本原理和方法都來源於畢昇的創造，畢昇不愧為活字印刷術之父。

科學成就

畢昇是活字印刷術的發明者，從十三世紀到十九世紀，畢昇發明的活字印刷術傳遍全世界，全世界人民稱畢昇是印刷史上的偉大革命家，活字印刷術是中國古代四大發明之一。

23 中國科學一座標，世界文化有其人

——沈括・北宋

生平簡介

姓　　名　沈括。

字　　　　存中。

號　　　　夢溪丈人。

出 生 地　杭州錢塘（今浙江杭州）。

生 卒 年　一〇三一至一〇九五年。

身　　份　科學家、政治家、外交家。

主要成就　著有《夢溪筆談》等。

名家推介

沈括（1031-1095 年），字存中，號夢溪丈人，杭州錢塘（今浙江杭州）人，北宋科學家。

他晚年以平生見聞，在鎮江夢溪園撰寫了筆記體巨著《夢溪筆談》。沈括精通天文、數學、物理學、化學、地質學，氣象學、地理學、農學和醫學。他不但是一位博學多才、成就顯著的科學家，還是卓越的工程師、出色的外交家。

名家故事

一〇三一年，沈括出生在杭州錢塘，自小就跟隨在外為官的父親四處奔波，飽覽了華夏大好河山和風俗民情，視野和見識都比一般同齡孩子開闊得多，興趣愛好也廣泛得多。日月星辰、山川樹木、花草魚蟲……沒有他不喜歡琢磨的。

沈括十八歲的時候，父親去世了，家計頓時艱難起來。沈括不得不外出謀生，到海州沭陽縣當了主簿。從那時起，政務便佔據了這位天才科學家的一生大部分時間。但是，無論仕途多麼險峻，宦海如何浮沉，公務怎樣繁忙，他得志也罷，失意也罷，都從未放棄過科學研究。憑著超凡的意志、敏銳的觀察力和過人的精力，他不停地攀登，終於達到了一個光輝的頂點。

在天文學方面，沈括制定了《奉元曆》，製造了新的天文儀器，把天文研究又推向一個新的高峰。此外，最突出的貢獻是他發明了「十二氣曆」。按中國古代曆法，陰曆和陽曆每年相差十一天多，古人雖採用置閏的辦法加以調整，但仍難做到天衣無縫。沈括經過周密的考察研究，提出了一個相當大膽的主張：廢除陰曆，採用陽曆，以節氣定月，大月三十一天，小月三十天。如今，沈括所提倡的陽曆法的基本原理，已為世界各國接受。此外沈括還發現了磁偏角的存在，比歐洲早了四百多年。

沈括在地理學方面也有許多卓越的論斷，反映了我國當時地理學已經達到了先進水準。在雁蕩山，沈括發現了一個奇怪的現象：不少名山，都是從嶺外便能望得見峰頂，而雁蕩山卻不然，只有置身山谷，才能看到高聳入雲的各個山峰。經過再三琢磨，沈括得出了結論：是山谷中的大水，將泥沙沖盡之後，這些巨石才高峻聳立、拔地而起的。而且，雁蕩山的好多獨特景觀，如大小龍湫、初月穀等，也都是大水長年累月沖鑿的結果。由此，他聯想到西北那土墩高聳的黃土區，和雁蕩山的成因相同，也是大自然的傑作，只不過一個是石質、一個是土質而已，沈括關於因水侵蝕而構造地形的觀點，詳細地了解並論述了地貌變化。另外，在沖積平原成因的解析方面，在「化石」的命名以及地形測量和地圖繪製等方面，沈括的貢獻也極有價值。

沈括在數學方面的貢獻是他發展了《九章算術》以來的等差級數，創造了新的高等級數求和法。比如，酒店裏常把酒桶堆成長方臺形體，從底層向上，逐層長寬各減一個，看上去四個側面都是斜的，中間自然形成空隙，這在數學上稱為「隙積」。數學上又把計算中間空隙的體積的方法，叫做「隙積術」。沈括是歷史上第一個發明「隙積術」的人。此外，幾何學中，他還發明了會圓術，即從已知圓的直徑和弓形高度來求弓形底和弓形弧的方法。

另外，在物理學、光學、聲學、生物醫學、化學等諸多科學領域內，沈括也有很深的造詣。一次，沈括的妻子剛推開樓上房間的門，猛聽得案上的古琴發出「錚錚」的彈奏聲，嚇了一大跳，忙喚丈夫前來觀看，沈括四下一望，見院牆外面正有一支迎親隊伍穿街而過，鼓樂聲還不絕於耳。

「原來如此。」沈括和妻子進入房中，命僕人取來另一架琴，又用剪刀剪了個小紙人，貼在琴弦上，然後，他走到原來的古琴旁，用手指用力撥動琴弦，結果，那貼在另一架琴上的紙人竟顫巍巍跳動起來，同時弦上發出「錚錚」的聲響。「瞧見了嗎？這就是聲學上的共振現象。如果琴弦音度相同，撥動一架琴上的弦，另一架琴上相應的弦就會振動，發出聲音。剛才街上娶親的鼓樂聲傳來，你正開門，引起古琴的共鳴，就是這個道理。」沈括為研究琴瑟諧振現象而做的這種小實驗，歐洲人直到十七世紀才想到。

沈括晚年退出政壇，隱居在江蘇鎮江夢溪園，潛心筆耕，寫出了偉大的科學巨著《夢溪筆談》。這是一部反映當時科技發展最新成就、內容豐富的著作，充分顯示了沈括的博學多聞和曠世才華。書中涉及數學、物理、化學、天文學、地學、生物醫學、工程技術等許多學科，共六百零九條記述。

一〇九五年，六十五歲的沈括走完了他光輝人生的最後里程。為了紀念他，一九七九年七月一日，中國科學院紫金山天文臺將該臺在一九六四年發現的一顆小行星「2027」命名為「沈括星」。

專家品析

沈括知識淵博，天文地理、數理化、醫藥以及文學藝術無不通曉。他在科學研究上涉獵範圍之廣，見解之精闢，都是同時代人所望塵莫及的，他從事的許多項目都代表了時代的水準，具有世界歷史意義。

他的著作《夢溪筆談》不僅是我國古代的學術寶庫，而且在世界文化史上也有重要的地位。被英國科學史家李約瑟評價為「中國科學史上的座標」和「中國科技史上的里程碑」。同時他也被世界歷史學界評為中國科學史上最卓越的人物之一。

科學成就

沈括精研天文，提倡的新曆法與今天的陽曆相似；在物理學方面，他記錄了指南針原理及多種製做法；發現地磁偏角的存在；又闡述凹面鏡成像的原理；還對共振等規律加以研究；在數學方面，他創立「隙積術」、「會圓術」；在地質學方面，他對沖積平原的形成、水的侵蝕作用等都有研究，並首先提出石油的命名；醫學方面，對於有效的藥方多有記錄，並有多部醫學著作留於後世。

24 跨海大橋泉州建，海上絲綢之路開

——蔡襄·北宋

生平簡介

姓　名　蔡襄。

字　君謨。

出生地　原籍仙遊楓亭鄉。

生卒年　一〇一二至一〇六七年。

身　份　北宋名臣，政治家，文學家，書法家。

主要成就　主持建造了我國現存年代最早的跨海梁式大石橋——泉州洛陽橋。

名家推介

蔡襄（1012-1067 年），字君謨，漢族，原籍仙遊楓亭鄉東垞村，後遷居莆田蔡垞村，先後在宋朝中央政府擔任過館閣校勘、知諫院、直史館、知制誥、龍圖閣直學士、樞密院直學士、翰林學士、三司使、端明殿學士等職，出任福建路轉運使，在泉州、福州、開封和杭州等地做過官。

蔡襄為人忠厚、正直，講究信義，而且學識淵博，書藝高深。卒

追贈禮部侍郎，諡號忠。他主持建造了我國現存年代最早的跨海梁式大石橋——泉州洛陽橋。

名家故事

在我國歷史上有四座聞名於世的古橋：河北的趙州橋、北京的盧溝橋、泉州的洛陽橋和潮州的廣濟橋。其中論造型、工藝、精巧、美觀，洛陽橋難與其它三橋媲美，但它卻是唯一的一座跨海大橋，也是四橋中工程量最大、氣勢最宏偉的。

洛陽橋位於泉州東郊的洛陽江出海口，據說是因為唐宋年間從中原遷居到這裏來的士人多來自河洛一帶，他們看到這裏的山川很像古都洛陽後，便將水稱之為洛陽江，而橋也便稱之為洛陽橋了。

一千多年前，這裏還是一片寬約五里、波濤洶湧的海面，而出海口對面的惠安，傳說就是蔡襄的母親盧氏的家鄉。昔日來往兩地，都需要坐船，每當遇到風浪，就多天不能過海，更時常有被風浪颳翻的船隻，為求平安，於是人們便將渡海的碼頭稱為「萬安渡」。

北宋皇祐五年，當時任泉州郡守的蔡襄決定在萬安渡修建一座跨海大橋，而且還是他親自主持了這一浩大的工程。到北宋嘉祐四年十二月，洛陽橋終於得以建成，歷時六年零八個月，耗銀一千四百萬兩。

洛陽橋全長三百六十丈，寬約一丈五尺，面對海潮，橫跨海口，四十六座巨大的橋墩全部用花崗岩壘築，而橋面和欄杆則用石板鋪設，創造了我國古代建橋史上的一個奇跡。由於這裏原稱「萬安渡」，所以洛陽橋又被稱為「萬安橋」，如今橋頭巨大的岩石上，仍鐫刻著「萬安橋」三個大字，每個字都有一米見方。

從橋南沿著一條古驛道走上石橋，撲面而來的是一種至今仍讓人感到震撼的視覺，橋的右邊是大片的海水灘塗，左邊是洛陽江，隨著海潮的漲落，江水時急時緩地流過古橋。而巨大的橋墩由一塊塊石頭堆砌而成，就像一隻只兩頭尖翹的石船，馱負著沉重的石板。一個個船形的橋墩，帶給後世古樸滄桑的味道。古時沒有水泥，為了鞏固橋基，防止海潮沖刷，人們便在橋墩下養殖牡蠣，通過牡蠣的繁殖和分泌物將一塊塊石頭牢牢地黏合在一起，誰能想到古人有如此神奇的發現、想像和創造力，它們居然經歷了近千年海潮的衝擊而至今安然無恙。

洛陽橋建有四十六座船形的橋墩，後來由於陸地外移，海潮變遷，隨著洛陽江入海口逐漸縮窄，加上明代和二十世紀三〇年代的兩次重修，橋身也不斷「縮短」，如今只剩下三十一座橋墩八百三十四米長了，儘管如此，如今站在橋頭，你仍能感覺到它當年立於海潮之上的雄姿和氣勢。我國著名的橋樑專家茅以升就曾感歎道：「蔡襄的洛陽橋是福建橋樑中的狀元。」

在橋頭兩側，還分別立有一座石塔和兩個古代武士裝束的石頭雕像。仔細端詳，石人淳樸厚實，面帶笑意，不覺威武倒略感可愛，日曬雨淋，真不知道他們站在這裏守衛了多少個春秋。橋頭南岸有三棵古木，據說都是建橋當年所植的，到現在應該也有近千年樹齡了，而濃蔭下還建有一座小廟和一座涼亭，亭裏豎立著一塊「西川甘雨」的石碑，小廟裏則陳列著二十多塊歷代碑刻，多是洛陽橋歷代修建的故事和讚歎的詞句。另外在橋北還建有昭惠祠，祭祀的據說是護橋的海神，而一座真身廟裏則供奉著一位據說為造橋盡瘁的義波和尚。

洛陽橋橋旁的一個古村落，在橋南街尾一條狹窄的小巷裏，建有一間紅牆黑瓦的古祠堂，牌匾上寫著「宋郡守端明殿學士忠惠蔡公祠」，祭祀的正是蔡襄。祠堂始建於南宋慶元年間，歷代均有修繕，現存的建築據說清代所建。祠堂大門虛掩著，推門進去，大廳中央立著蔡襄的塑像，而中亭則立著一塊巨大的石碑，上面便是當年洛陽橋建成後蔡襄所撰寫的《萬安渡石橋記》，它不僅將造橋的年代、橋的長寬、花費的銀兩等一一交代清楚，而且書法俊美、刻工精緻，實在是蔡襄罕見的書法碑刻，人稱「三絕」。

據說這篇《萬安渡石橋記》的碑文原來鐫刻在岸左的崖壁上，北宋宣和年間才拓本立碑，南宋慶元年間修建蔡公祠後方移立祠內，可惜年代久遠，字跡多已難以辨認。不過為官一任，造福一方，雖過千年，泉州歷任的官員也不知更替了多少，而人們所永遠記住的還是修建了我國古代「跨海第一橋」的蔡襄。

專家品析

蔡襄任泉郡太守期間，主持修建跨海大橋「洛陽橋」，帶領百姓開展植樹造林，在通往泉州府的官道上植了七百多里長的松（榕）樹林帶，多方面創造成發展「南方絲綢之路」的社會環境。

南方絲綢之路，路要擺到重要位置，南方絲綢之路重點在於海上交通。蔡襄小時候到泉州念書已嘗受交通的艱辛之苦，因此任泉州大守期間，為貫通南北，更為重要的是促進商品南北流通，蔡襄前後歷經七年時間，發動萬千工匠，戰勝無數難以想像的艱難險阻，建造起聞名世界的「海內第一橋」，我國宋代第一座梁式海港大石橋，極大地促進了海上絲綢之路的發展。

科學成就

蔡襄主持建造了跨海的萬安橋（後來改稱洛陽橋），從北宋皇祐五年（公元 1053 年）至嘉祐四年（公元 1059 年）十二月，耗銀一千四百萬兩。橋長三百六十丈，寬一丈五尺，造橋工程規模巨大，大大方便了周邊地區的交通往來，特別是海上絲綢之路的誕生起了決定作用。

25 北宋名工一巧匠，木經三卷晚年成

——喻皓．北宋

生平簡介

姓　　名　喻皓。

別　　名　預浩、喻浩、預皓。

出 生 地　不詳。

生 卒 年　不詳。

身　　份　北宋初年的木結構專家。

主要成就　著有《木經》三卷。

名家推介

喻皓，生卒年代不詳，又叫預浩、喻浩、預皓，中國古代有名的建築工匠，五代末北宋初年浙江杭州一帶人，是一位出身卑微的建築工匠。

他長期從事建築工作，曾主持汴梁（今河南開封）開寶寺木塔的建造，著作有《木經》三卷，可惜已失傳，僅在沈括著《夢溪筆談》中有簡略記載。歐陽修《歸田錄》稱讚他是「國朝以來木工一人而已」。他善於建築多層的寶塔和樓閣。

名家故事

北宋初年，中國還沒有完全統一，當時佔據杭州一帶的吳越國王派人在杭州梵天寺建造了一座方形的木塔。當這座塔才建好兩三層的時候，吳越王登上去，感到塔身有些搖晃，便問是什麼原因，主持施工的工匠自信地回答說：「因為塔上還沒有鋪瓦，上面太輕，所以有些搖晃。」可是等塔建成鋪上瓦以後，人們登上去，塔身還是搖搖晃晃的。這個工匠一時沒有辦法，生怕被吳越國王責備，後來聽說喻皓對建造木塔很有研究，便讓妻子前去請教喻皓。喻皓笑著說：「這個問題很容易解決，只要每層都鋪上木板，用釘子釘緊就行了。」那個工匠照這辦法去做，果然塔身穩定，人走上去不再搖晃了。

喻皓提出的辦法非常符合科學道理，當各層都釘好木板以後，整個木塔就連接成一個緊密的整體，人走在木板上，壓力分散，並且各面同時受力，互相支持，塔身自然就穩定了，這是整體箱形結構的概念。從這個小例子可以看出，喻皓對於木結構的特點和受力情況有比較深刻的認識，雖然他沒有親臨現場，但依然能準確地指明問題的關鍵，說明他的實踐經驗是很豐富的。

木結構建築是我國古代的代表性建築，經過長期的經驗積累，到了宋朝，木結構技術已經達到了很高的水準，並且形成了我國獨特的建築風格和完整的體系。但是當時這種技術主要靠師徒傳授的辦法來傳播，還沒有一部書籍來記述和總結這些經驗，以致許多技術得不到交流和推廣，甚至失傳。

北宋太平興國年間，宋太宗想在京城汴梁建造開寶寺十一級木塔，從全國各地抽調了一批能工巧匠和擅長建築藝術的畫家到汴梁進行設計和施工，喻皓也在其中，並且受命主持這項工程。

為了建好寶塔，他事先造了個寶塔模型。塔身是八角十三層，各層截面積由下到上逐漸縮小。當時有一位名叫郭忠恕的畫家提出這個模型逐層收縮的比率不大妥當，喻皓很重視郭忠恕的意見，對模型的尺寸進行了認真研究和修改，才破土動工。

在廣大勞動工匠的辛勤努力下，端拱二年八月，雄偉壯麗的八角十三層琉璃寶塔建成了，這就是有名的開寶寺木塔。塔高三百六十尺，是當地幾座塔中最高的一座，也是當時最精巧的一座建築物。可是塔建成以後，人們發現塔身微微向西北方向傾斜，感到奇怪，便去詢問喻皓是怎麼回事。喻皓向大家解釋說：「京師地平無山，又多颳西北風，使塔身稍向西北傾斜，為的是抵抗風力，估計不到一百年就能被風吹正。」原來這是喻皓特意這樣做的。可見喻皓在搞設計的時候，不僅考慮到了工程本身的技術問題，而且還注意到周圍環境以及氣候對建築物的影響。

對於高層木結構的設計來說，風力是一項不可忽視的因素，在當時條件下，喻皓能夠做出這樣細緻周密的設計，是一個很了不起的創造。據說開寶寺塔建成後，喻皓曾求度為僧，幾個月後就病死在寺院中。可惜的是，這樣一座建築藝術的精品，在宋仁宗慶曆年間的一次火災中被燒毀，沒有能夠保存下來。

喻皓生前決心把歷代工匠和本人的經驗編著成書。據說他每天深夜睡到床上，還把手交叉地放在胸口，搭成木結構的形狀，考慮怎樣進行總結，經過幾年的努力，終於在晚年寫成了《木經》三卷。《木經》的問世不僅促進了當時建築技術的交流和提高，而且對後來建築技術的發展產生了很大的影響。

喻皓能取得這樣高的造詣是與他刻苦鑽研、謙虛學習的精神分不開的。當時京城裏有一座相國寺，是唐朝人建造的，它的門樓的卷簷造得非常巧妙。喻皓每次經過門樓，都要仰起頭，仔細觀察，研究它的造法。為了弄清卷簷的奧秘，喻皓有時坐下來，甚至躺在地下進行觀察和研究。

儘管喻皓在木建築的設計和製造技術上成就卓越，但在封建社會裏，喻皓只是一個出身卑微的建築工匠，他的成就和著作同其它勞動人民的創造發明一樣，根本得不到統治者的重視。後來《木經》失傳了，喻皓的事蹟也沒有被準確地記載於史書中。但是在百姓的心目中，喻皓辛勞一生為我國木製建築所做的卓越貢獻，為他自己建立了高大的豐碑。

專家品析

喻皓，這位傑出的工人建築師對我國古代建築技術的發展做出了不可磨滅的貢獻，《木經》三卷是一部關於房屋建築方法的著作，也是我國歷史上第一部木結構建築手冊。喻皓在書中努力找出各構件之間的比例關係，這對於簡化計算、指導設計、加快施工進度等是很有說明的，也是把實踐經驗上升為理論的有意義的嘗試，表明喻皓很有科學頭腦。

科學成就

《木經》的問世不僅促進了當時建築技術的交流和提高，而且對後來建築技術的發展有很大影響。大約一百年後，由李誡編著的、被譽為中國古代建築寶典的《營造法式》一書，關於「取正」、「定平」、「舉折」、「定功」等部分就是參照《木經》寫成的。

26 九章算法注詳解，增乘開方高次冪

——賈憲．北宋

生平簡介

姓　　名　賈憲。
出 生 地　不詳。
生 卒 年　不詳。
身　　份　北宋數學家。
主要成就　賈憲三角和增乘開方法。

名家推介

賈憲，生卒年代不詳，十一世紀前半葉中國北宋數學家，他曾撰寫《黃帝九章算法細草》九卷和《算法古集》二卷。

他的著作已遺失，但他對數學的重要貢獻，被南宋數學家楊輝引用得以保存下來。賈憲的主要貢獻是創造了賈憲三角和增乘開方法。增乘開方法即求高次冪的正根法。

名家故事

雖然有關賈憲的資料保存下來的並不完整，但從楊輝編錄的書籍

中，我們仍然可以發現他的一些獨到的數學思想和方法，主要有以下兩點：

一、抽象分析法。在研究《九章》過程中，賈憲使用了抽象分析法，尤其在解決勾股問題時更為突出，他首先提出了「勾股生變十三圖」。他完備了勾股弦及其和差的所有關係，說明他已經拋開《九章》算題本身而對勾股問題進行抽象分析了。

二、程序化方法。程序化方法主要是指探究問題的思維程序、過程和步驟，適用於同一理論體系下，同一類問題的解決。賈憲的「增乘開方法」和「增乘方求廉法」尤其集中地體現了這一方法。賈憲的數學方法論，對宋元數學家產生了深遠影響，縱觀「宋元四大家」，莫不從中汲取精髓。

賈憲是否從事過數學教學工作，我們不得而知，但就宋初私學活躍以及數學地位而言，不能排除他傳授數學知識的可能性。我們知道，古代學者著書立說的目的之一就是教育世人，因此我們有理由探討賈憲的數學教育思想，從中可以發現他數學教育思想的閃光之處。

一、重視對一般性解法的抽象。「增乘開方法」的兩例論述中，可以清楚地看到，剔除數字後得到的就是運算法則，而且這種分析方式是貫穿他著述始終的。賈憲之所以這樣做，應該是深受中國古代早已有的「授人以魚，不如授人以漁」的教育思想影響。

二、注重對知識綱要的概括。賈憲在給出「立成釋鎖開方法」之後，又提出「增乘方求廉法」並給出六階賈憲三角，解釋開各次方之間的聯繫。討論勾股問題則先論「勾股生變十三圖」，而後談論問題的解法，給人以清晰的體系感。他的這些嘗試，都體現了對知識綱要的重視，體現在數學教育上，注重對知識綱要的概括，也不失為一種良好的教學方法。

三、系統化的數學教育思想。他的工作是建立在整數集之上的，在此基礎上他高度概括了勾股和開方問題，給出了眾多其它問題的一般性解法，從中我們隱約可以看到系統化方法的開端。以賈憲的數學知識水準，他不可能不熟知分數，也不會不了解劉徽的求微數思想，只是他對開方開不盡的問題沒有研究透徹。因此在他的著述中才迴避了分數，目的是把自己掌握的數學知識，系統地傳於世人，這在古代數學教育史上是難能可貴的。

四、注重發散性思維的鍛鍊。賈憲討論九章各類問題時，不是固守前人的思路和算法，他發現了很多新的計算方法。他提出了「課分法」、「減分法」，以及用「方程術」求差率的方法；在盈不足中，他提出了「今有術」、「合率術」、「分率術」、「方程術」、「兩不足術」等方法；在「勾股容方」問題中，他提出「勾股旁要法」，等等。由此可見，賈憲不僅注重概括理論化的研究方法，同時也身體力行地致力於發散性思維的鍛鍊，這對於知識的創新是大有好處的。

《九章算術》是十一世紀以前中國最著名的數學著作。賈憲對於《九章算術》中提出的問題，抽象分析，揭示數學本質；借助程序化，講解方法的原理；梳理知識脈絡；注重知識系統化，避免產生錯誤理論。這些思想方法對宋元數學家有很深的影響。

賈憲數學成就對後世的影響集中體現在：第一，賈憲的「增乘開方法」開創了開高次方的研究課題，後經秦九韶「正負開方術」加以完善，使高次方程求正根的問題得以解決。還從李冶的天元術（一元一次或高次方程）到朱世傑的四元術（四元一次或高次方程組）的建立，終於在十四世紀初建立起一套完整的方程學理論，使之成為宋元數學界最有成就的課題。第二，賈憲三角的給出，開創了高階等差級數求和問題的研究方向，朱世傑從「三角」的每條斜線上發現了高階等差級數求和公式。第三，「增乘開方法」事實上簡化了籌算程序，並使程序化更加合理，這對後世籌算、簡算乃至算法的改進是有啟迪意義的。第四，《九章算法細草》這一著述形式開創了一種數學研究方法，被後世數學家廣為借鑒。

專家品析

古代學者著書立說的目的之一就是教育世人，因此我們有理由探討賈憲的數學教育思想。仔細研究《九章算法細草》，賈憲是否從事過數學教學工作我們不得而知，但從宋初活躍的數學地位而言，不能排除他傳授數學知識的可能性，從中可以發現他數學教育思想的閃光之處。

數學理論上有突出貢獻的主要是三位數學家，劉徽（理論基礎的奠定）、賈憲（理論水準的提高）和楊輝（理論的基本完善），賈憲起著承前啟後的作用。另外，魏晉南北朝興起的數學研究熱潮從唐代而中斷，賈憲的數學方法論又激發了宋元的數學研究熱潮，他起到推波助瀾的作用。

科學成就

賈憲的主要貢獻是創造了賈憲三角和增乘開方法。增乘開方法即求高次冪的正根法。目前中學數學中的綜合除法，其原理和程序都與它相仿，增乘開方法比傳統的方法整齊簡捷，又更程序化，所以在開高次方時，尤其顯出它的優越性。

27 兒科之聖幼科祖，小兒藥證專著留

——錢乙·北宋

生平簡介

姓　　名　錢乙。
字　　　　仲陽。
出 生 地　東平鄆州（今山東鄆城縣）。
生 卒 年　一〇三二至一一一三年。
身　　份　著名兒科專家。
主要成就　著有《小兒藥證直訣》。

名家推介

錢乙（1032-1113 年），字仲陽，祖籍浙江錢塘（今浙江杭州），後來隨祖父北遷東平鄆州（今山東鄆城縣）。

錢乙是我國醫學史上第一個著名兒科專家。他撰寫的《小兒藥證直訣》是我國現存的第一部兒科專著，它第一次系統地總結了對小兒的辯證施治法，使兒科從此發展成為獨立的一門學科。後人把《小兒藥證直訣》作為兒科的經典著作，把錢乙尊稱為「兒科醫聖」、「幼科鼻祖」。

名家故事

錢乙自幼就精勤好學，認真鑽研《內經》、《傷寒論》、《神農本草經》等。特別是《神農本草經》，所下工夫很深。有人拿了不同的藥請教他，他總是根據藥性和藥理的差別，詳細地解答。事後一查本草書，果然都很吻合，此外，他把古今有關兒科資料系統地加以研究。在錢乙之前，有關治療小兒病的資料不多。錢乙在實踐中認識到，小兒的生理特點有他的獨特性，而病理特徵自然和大人有別。所以，要攻克小兒病這道難關，必須對小兒的生理、病理有個正確而全面的認識，他根據多年的臨床實踐，逐步摸索一整套診治方法。在診斷上，他主張從面部和眼部診察小兒的五臟疾病，在處方用藥方面，主張柔潤的原則。

一次，一個姓朱的人，有個兒子五歲，夜裏發熱，白天無事，有的醫生認為是傷寒，有的醫生認為是發熱，都沒有效果，始終治不好，病情反而更重，到第五天已經達到非常嚴重的地步。錢乙說：「不能再用你們的法子治了。」他於是拿白術散末一兩煎水三升，使病兒白天飲服。姓朱的問道：「飲多了不會瀉嗎？」錢乙答道：「不滲進生水在裏面，是不會瀉的。縱使瀉也沒問題，只是不能用他們的辦法治療了。」姓朱的人又問：「先治什麼病？」錢乙說：「止渴治痰、退熱清裏，都靠這味藥。」到晚上，估計藥服完了，錢乙看看病兒，說：「可再服三升。」又煎白術散水三升，病兒服完，稍覺好些。第三日，又服白術散水三升，那個病兒再也不渴了，也沒有流涎了。接著錢乙給他服兩劑補肺散、補肺阿膠湯，由阿膠、牛蒡子、甘草、馬兜鈴、杏仁、糯米組成，病就完全好了。

錢乙曾經做過一段時間的翰林醫官，一天，宋神宗的皇太子突然生病，請了不少名醫診治，毫無起色，病情越來越重，最後開始抽筋。皇帝見狀十分著急。這時，有人向皇帝推薦錢乙，於是，錢乙被召進宮內。皇帝見他身材瘦小，貌不出眾，有些小看他，但既然召來，只好讓他為兒子診病。錢乙從容不迫地診視一番，要過紙筆，寫了一貼「黃土湯」的藥方。心存疑慮的宋神宗接過處方一看，見上面有一味藥竟是黃土，不禁勃然大怒道：「你真放肆！難道黃土也能入藥嗎？」錢乙胸有成竹地回答說：「據我判斷，太子的病在腎，腎屬北方之水，按中醫五行原理，土能剋水，所以這病就該用黃土。」宋神宗見他說得頭頭是道，心中的疑慮已去幾分，正好這時太子又開始抽筋，皇后一旁催促道：「錢乙在京城裏頗有名氣，他的診斷很準確，皇上不要擔心。」於是，皇帝命人從灶中取下一塊焙燒過很久的黃土，用布包上放入藥中一起煎汁。太子服下一貼後，抽筋便很快止住。用完兩劑，病竟痊癒如初。這時，宋神宗才真正信服錢乙的技術，把他從翰林醫官提升為很高榮譽的太醫丞。

錢乙由於對小兒科作了四十年的深入鑽研，終於摸清了小兒病診治的規律，積累了豐富的臨證經驗，著有《傷寒論指微》五卷，《嬰孺論》百篇等書，但皆遺失沒傳於後世。現存的《小兒藥證直訣》，或叫《小兒藥證真訣》是錢乙逝世後六年，由他的學生閻季忠將他的醫學理論、醫案和經驗方，加以搜集整理，於一一一九年編成的。此書共三卷，上卷言證，中卷為所治病例，下卷為方劑。該書最早記載辨認麻疹法和百日咳的治療；也是最早從皮疹的特徵來鑒別天花、麻疹和水痘，記述多種初生疾病和小兒發育營養障礙疾患，以及多種著名有效的方劑；還創立了我國最早的兒科病歷。此書為歷代中醫所重視，列為研究兒科必讀之書。它不僅是我國現存最早的第一部系統完整的兒科專著，而且也是世界上最早的兒科專著。《四庫全書目錄提要》稱錢乙的書為「幼科之鼻祖」。

此外，錢乙在《內經》、《金匱要略》、《中藏經》、《千金方》的基礎上，將五臟辯證方法運用於小兒，為兒科臨床治療提出了辯證方法，對中醫臟腑辯證學說的形成做出了貢獻。

一天，錢乙早上起來，為自己把了一下脈象。隨後，他吩咐家人通知自己的全部親屬過來，錢乙跟他們一一對話後，叫家人為他準備一套乾淨的衣服，換好後，他叫家人自己去忙。他靜靜地坐在床上，看著庭院裏的小孩高高興興地玩耍，自己彷彿回到童年。慢慢地，他閉上了眼睛。享年八十二歲。

錢乙一生為小孩治病，治好了無數的孩子，在他生命的盡頭，回到了童年，無疑是最好的結局。他沒有一個美好的童年，卻沒有失去博愛的心，把博愛的心播撒給每一個孩子，不愧是一代名醫。

專家品析

錢乙在兒科學方面的成就為後人稱許，而且對中醫辯證學、方劑學均有較大影響。他奠定了中醫史上兒科的專業地位，他一生妙手仁心，從他身上我們看到了中醫醫道的博大與慈愛。

錢乙在兒科學方面的成就流傳後世，但限於當時的醫療水準，不可能十分完善。諸如其創立六味丸以補腎，僅重視了腎陰虧乏的一面，而忽略了腎陽虛衰的一面。也正因為如此，後世才在他的基礎上逐漸加以發展，使之不斷完善，這也確立了錢乙在中醫學發展史上承前啟後的歷史地位。

科學成就

錢乙的著作很多，但唯有《小兒藥證直訣》一書保存和流傳下來，此書最能代表他的學術水準。在兒科方面，他富有獨到經驗，他對小兒的生理、病理特點掌握得十分清楚，並根據小兒的生理、病理特點，提出了小兒的五臟辯證論治理論，對後世的影響很大，推動了後世兒科理論的發展。

28 一生著述散遺失，建築百科營造法

——李誡．北宋

生平簡介

姓名	李誡。
字	明仲。
出生地	河南新鄭。
生卒年	一〇三五至一一一〇年。
身份	科學家、土木建築家。
主要成就	著有《營造法式》、《續山海經》、《琵琶錄》、《續同姓名錄》。

名家推介

李誡（1035-1110年），字明仲，鄭州管城縣（今河南新鄭）人。中國古代土木建築學家，《營造法式》一書的編纂者。

他一生從事宮廷建築營造工作，歷任工程主簿，官至工程監管等。在任期間曾先後主持五王邸、辟廱、尚書省、龍德宮、棣華宅、朱雀門、景龍門、九城殿、開封府廨、太廟、欽慈太后佛寺等十餘項重大工程的建設工作。

名家故事

元豐八年，宋哲宗趙煦繼位，李誡奉父親的命令，進獻賀表並送禮物，於是被皇帝任命為郊社齋郎的職位。隨後他即被委派為曹州濟陰（今山東菏澤）縣尉。李誡到任後，訓練士兵，整頓治理地方，賞罰分明，使縣內治安狀況得到根本改善。元祐七年，他被調任工程主簿。此後，他長期在工程方面任職。紹聖三年升任工程主管，崇寧元年升工程少監。崇寧二年出任京西轉運判官，但做判官沒有幾個月，又被召回仍為工程少監。崇寧三年，升任這一機構的最高長官——工程高級管理。

李誡在負責工程期間，主持完成了不少宮廷和官府的建築工程，如五王邸、龍德宮、棣華宅、朱雀門、九成殿、太廟、欽慈太后佛寺、辟雍、尚書省、開封府廨、班直諸軍營房等。由於他在建築工程上的業績十分突出，因而官階屢升，從承務郎、承奉郎一直到右朝議大夫、中散大夫、共升遷十六級。

李誡在建築技術和工程管理方面積累了豐富的經驗，於是在宋哲宗紹聖四年，奉旨重新修編《營造法式》，於元符三年編定成書。約在崇寧五年，李誡父親李南公病重，他請假回歸故里看望。不久，父親病逝。約在大觀三年他孝滿三年之後，被派往虢州擔任知州，到任時間不長，就得了重病，於大觀四年二月不幸中年早逝，安葬於鄭州梅山。

李誡一生主持營建多項重要的建築工程，成就是很突出的，而他最大的貢獻則是編寫《營造法式》。《營造法式》全書共三十六卷，除看詳、目錄各一卷外，正文有三十四卷，合計三百五十七篇，三千五百五十五條目，內容分為建築術語考證與解釋、各項制度、工程期限和用料以及建築圖樣四部分。

《營造法式》正文第一、二卷為「總釋」上、下，共四十九篇二百八十三個條目。主要是編列經史群書中關於建築物及其構件名稱的詮釋及有關史料。第三卷至第十五卷為各項制度，列舉了壕寨、石作、大木作、小木作、雕作、旋作、鋸作、竹作、瓦作、泥作、彩畫作、磚作、窯作等十三個工種或工序的建築工程標準做法。由於中國古代建築以木結構為主，因此在《營造法式》提到的制度中，對大木作，包括各種建築物的樑柱、檁椽、斗拱、飛昂等的選材、規格、加工和安裝等敘述最為詳盡。而對小木作，如門窗、欄杆、照壁、藻井、佛道帳等裝修技術，介紹得也相當廣泛和細緻。第十六卷至第二十八卷為工程期限和用料，依照四十三種制度的內容，分別指出相應需用的各種人工數和木料、磚瓦、鐵件、顏料等物料數，這相當於今天所謂人工材料定額。第二十九卷至第三十四卷為各項制度圖樣。《營造法式》用了六卷篇幅，繪出大量的建築設計圖。其中包括殿閣、屋舍、亭榭等各種建築物及其對象的平面圖、立面圖、剖面圖以及門窗圖案，彩畫、木雕和石雕紋樣，以及測量儀器圖等。這些圖不僅有助於人們更清楚地、形象地理解書中文字所敘述的內容，而且本身就為後世提供了進行建築工程時繪製設計圖的樣本。同時，它還記錄了不少不見經傳的做法和現已失傳的技術，這對於研究中國古代建築以及繼承和發展傳統建築技術，也是極其寶貴的資料。

李誡編寫《營造法式》有許多特點和創見是值得稱道的。他詳加考訂，收集了古典文獻中有關建築的大量史料，不恥下問，與造作工匠共同討論，廣泛汲取了建築各行工匠的寶貴經驗，從而在建築方面整理、總結和制定出相當嚴密的技術規範和管理制度。像這樣凝聚著歷代工匠心血、智慧與經驗的著作，在歷史上是並不多見的。《營造法式》在總結前人經驗基礎上，規定木構建築及其各種構件的比例關係，這實際上就是以某種建築構件的局部作為標準單位的古典模數制，對於推動建築工程的標準化和規範化起了重要的作用。《營造法式》雖然對各種制度有嚴格的要求，但也強調要針對建築工程的具體情況靈活處理，同時，在因材施用、節約材料方面，即使在今天也具有積極的意義。

《營造法式》是一部既有科學意義又有實用價值的建築學專著。這一傑作，作為北宋朝廷正式頒行的建築規範，其統一的建築規格、設計施工制度、工料定額等，不僅在當時作為官式建築的標準，而且對後世元、明、清三代也產生了重要影響，直到今天，仍是我們研究中國古代建築不可或缺的珍貴文獻。

專家品析

李誡編寫了《營造法式》這部建築巨著，成為中國建築史上的一個劃時代創舉，是營造工程史上的一次重大革新，更是中國古代勞動人民在建築方面寶貴經驗的科學總結，對後世建築技術的發展產生了深遠的影響。李誡成為享譽國內外的偉大建築科學家，也成為中國古建築界所供奉的祖師爺。

科學成就

李誡既是一個建築大師，又是一位藝術家和學者。他編修的《營造法式》是一部建築科學技術的百科全書，對後世的建築技術和建築學具有深遠的影響。同時，他在地理、歷史、文字、音樂等方面都有廣泛研究。李誡著有《續山海經》十卷、《續同姓名錄》二卷、《馬經》三卷、《古篆說文》十卷、《琵琶經》三卷、《六博經》三卷，還善於畫馬。

29 洗冤集記錄經典，法醫學先河頓開

——宋慈 · 南宋

生平簡介

姓　　名　宋慈。
字　　　　惠父。
出 生 地　南宋福建建陽（今福建南平）。
生 卒 年　一一八六至一二四九年。
身　　份　醫生、法醫學家。
主要成就　著有《洗冤集錄》。

名家推介

宋慈（1186-1249 年），字惠父，漢族，建陽（今福建南平）人。我國古代傑出的法醫學家，被稱為「法醫學之父」，西方普遍認為正是宋慈於一二三五年開創了「法醫鑒定學」。

宋慈一生二十餘年的官宦生涯中，先後四次擔任高級刑法官，宋慈在處理獄訟期間，特別重視現場勘驗，他對當時傳世的屍傷檢驗著作加以綜合、核定和提煉，並結合自己豐富的實踐經驗，完成了《洗冤集錄》這部系統的法醫學著作。

名家故事

寧宗嘉定十年，宋慈中進士，朝廷派他去浙江鄞縣任尉官，因為父喪而沒能就任。宋理宗寶慶二年，宋慈出任江西信豐縣主簿，從此正式踏上了仕宦生涯。

紹定四年，宋慈因為政績顯著，被任命為福建長汀知縣。嘉熙元年，又升任邵武軍通判。淳祐元年，就任常州軍事使。淳祐七年，任湖南刑獄併兼大使行府參議官等。宋慈二十餘年的官宦生涯中，先後四次擔任高級刑法官，一生從事司法刑獄，長期的專業工作，使他積累了豐富的法醫檢驗經驗。

宋慈平反冤案無數，宋慈在處理獄訟中，特別重視現場勘驗。他對當時傳世的屍傷檢驗著作加以綜合、核定和提煉，並結合自己豐富的實踐經驗，完成了《洗冤集錄》這部系統的法醫學著作。他把當時居於世界領先地位的中醫藥學應用於刑獄檢驗，並對先秦以來歷代官府刑獄檢驗的實際經驗進行全面總結，使之條理化、系統化、理論化。因而此書一經問世就成為當時和後世刑獄官員的必備之書，幾乎被奉為「金科玉律」，其權威性甚至超過封建朝廷頒佈的有關法律。七百多年來，此書先後被譯成韓、日、法、英、荷、德、俄等多種文字。直到目前，許多國家仍在研究它。其影響非常深遠，在中外醫藥學史、法醫學史、科技史上留下光輝的一頁。其中貫穿著求實求真的科學精神，至今仍然熠熠閃光，值得發揚光大。

宋慈在法醫學理論上和實踐中所表現出來的是唯物主義傾向，在他傳世名著中非但沒有空洞的理學唯心主義的說教，而且大力提倡求實求真精神。程朱理學認為，「合天地萬物而言，只是一個理」，而人心之體又體現了理或天理，「心包萬理，萬理具於一心」。這就是說，心中什麼理都有，無須外求。如按此行事，根本不要了解外界現實情況，只要苦思冥想就可以了。而宋慈卻反其道而行之，他把朱熹具有唯心主義傾向的「格物窮理」之說，變成唯物主義的認識論原則，不是向內心問理，而是向實際求真。

當時州縣官府往往把人命關天的刑獄之事委任給沒有實際經驗的新入選的官員或武人，這些人非常容易受到蒙蔽，加之其中有的人怕苦畏髒，又不對案情進行實地檢驗，因而難免判斷失誤，以致黑白顛倒，是非混淆，冤獄叢生。身為刑獄官，宋慈對這種現象深惡痛絕，強烈反對。他在聽訟理刑過程中，則以民命為重，實事求是。他另一突出表現是對待屍體的態度，特別是能否暴露和檢驗屍體的隱秘部分。如此檢驗屍體，在當時的理學家即道學家看來，未免太「邪」了。但這對查清案情、防止相關人員利用這種倫理觀念掩蓋案件真相，是非常必要的。宋氏毅然服從實際，而將道學之氣一掃而光，這是難能可貴的。宋慈的求實求真精神還表現在對屍體的具體檢驗方面。檢驗屍體，即能給死者診斷出死因，技術性很強，在一定程度上難於為活人診病。不僅要有良好的思想品德，而且必須具備深厚的醫藥學基礎，把握許多科學知識和方法。儒者出身的宋慈，本無醫藥學及其它相關科學知識，為彌補這一不足，他一方面刻苦研讀醫藥著作，把有關的生理、病理、藥理、毒理知識及診察方法運用於檢驗死傷的實際；另一方面，認真總結前人的的經驗，以防止冤獄的發生。

在多年的檢驗實踐中，宋慈力求檢驗方法的多樣性和科學性，在此方面可謂不遺餘力。僅從流傳至今的《洗冤集錄》一書來看，其中所載檢驗方法多樣性、全面性，其精確度之高，都是前無古人的，這也是書中科技含量較高的、最精彩的內容。在《洗冤集錄》中，有一些檢驗方法雖屬於經驗範疇，但卻與現代科學相吻合，令人驚歎。

宋慈審理的著名案子有：火燒鐵釘案、梅城兩任知縣謀殺案、太平縣冤案、李府連環案、城南井屍案、毛竹塢無名屍案、遺扇嫁禍案、梁雨生命案、李玉兒失蹤案、嘉州庫銀失盜案、史文俊私通敵國案、京郊遺屍案等，都成為後世法醫們的經典案例。

宋慈卒於南宋理宗淳祐六年廣州經略安撫使的任所，享年六十四歲。宋理宗親自為其書寫墓門，憑弔宋慈功績卓著的一生，後來宋慈的墓地遷至福建建陽市崇雒鄉昌茂村西北。

專家品析

《洗冤集錄》是集宋慈外表屍體檢驗經驗大成的著作，他在書中開篇即提出不能輕信口供，他提出檢驗官必須親臨現場、屍檢必須由檢驗官親自填寫的屍體檢驗原則。

《洗冤集錄》被譽為世界上最早的法醫學專著，是中國法醫學的里程碑。由於受限於當時的科學水準，其內容難免有錯誤。但整體而言，瑕不掩瑜，還是一部符合科學精神的傑出作品。清同治六年，荷蘭人首先將這本書翻譯成荷蘭文，傳入西方，後又被翻譯成多國文字，影響世界各國法醫學的發展極為深遠，宋慈因此被西方人稱作「法醫學之父」。

科學成就

《洗冤集錄》現存最早的版本為元代的《宋提刑洗冤集錄》，共五卷，五十三條目。從目錄來看，本書的主要內容包括：宋代關於檢驗屍傷的法令，驗屍的方法和注意事項，屍體現象，各種機械性窒息死，各種鈍器損傷，銳器損傷，交通事故損傷，高溫致死，中毒，病死和急死，屍體發掘……。

30 正負開方大衍求，數書九章後世留

——秦九韶．南宋

生平簡介

姓　　名	秦九韶。
字	道古。
出 生 地	普州安嶽（今四川安嶽）。
生 卒 年	一二〇八至一二六一年。
身　　份	數學家、學者。
主要成就	一二四七年完成數學名著《數書九章》。

名家推介

秦九韶（1208-1261 年），字道古，漢族，魯郡（今山東曲阜）人，生於普州安嶽（今四川安嶽）。南宋官員，數學家，與李冶、楊輝、朱世傑並稱宋元數學四大家。

他的著作有《數書九章》，其中的大衍求一術（一次同餘方程組問題的解法，也就是現在所稱的中國剩餘定理）和秦九韶算法（高次方程正根的數值求法），達到了當時世界數學的最高水準。

名家故事

南宋理宗紹定四年，秦九韶於二十九歲時考中進士，先後擔任瓊州（今海南島）、梅州（今廣東梅縣）知州。秦九韶在從政之餘，對歷史、數學、天文、營造、軍旅、賦役等廣徵博采，搜集掌握大量資料，精心研究。南宋理宗淳祐年間，因母親病故，秦九韶利用守孝期間，將歷年累積有關大量數學研究的成果，予以系統整理編撰，完成了舉世聞名的數學巨著《數書九章》。這部中世紀的數學傑作，在許多方面都有突破或創新，為人類數學的發展做出了卓越貢獻。

《數書九章》，又稱《數學九章》，全書共有十八卷，分「大衍」、「天時」、「田賦」、「測望」、「賦役」、「錢穀」、「營建」、「軍旅」、「市易」九大類，其中包括了田地求積、產量計算、屯田規劃、雨量測定等方面內容。每一類各採用九個例題，共計八十一個應用題，用文字闡明其中的算理，給出解題步驟，並輔助以算圖公式。《數書九章》最具有世界意義的重要成就，主要表現在以下兩項：一是一次同餘式理論，即著名的《大衍求一術》；二是求高次方程的數值解法，即《正負開方術》。前者不僅在當時處於世界領先地位，就是在近代數學和現代電子計算設計中，也起到重要作用，被稱之為「中國剩餘定理」；《正負開方術》則被稱為「秦九韶程序」。書中有的問題要求解十次方程，有的問題答案竟有一百八十條之多，它們使古代數學從傳統的曆法和工程計算中抽象出來，走在應用數學前頭，將古代數學學術推上了歷史高峰。

秦九韶在《數書九章》中所採集的大量例題，要遠比「孫子問題」複雜得多。如廣泛應用《大衍求一術》來解決曆法的《古曆會積》，解決工程、賦役和軍旅的《積尺尋源》、《推計土功》、《程行計地》

等實際問題中，秦九韶的《大衍求一術》，簡而言之，就是運用同餘式來求解不定方程組的方法。秦九韶經過深入探索研究，利用「求一術」將聯立同餘組各餘數不相同的問題，全部化解為餘數為一的求一問題，這樣就使複雜的運算和解題簡化快捷了。

「正負開方術」包括兩方面內容：一是正負術；二是開方術。「正負術」，是指古代數學中關於正數和負數的運算法則，「開方術」，是指數學中求方根或解二次以上方程的方法。我國古代著名的算書《九章算術》，書中記載了正數開平方和開立方的方法，雖然在此基礎上出現了求解一般一元二次方程的數值解法，但卻限定代數方程的首項係數不能是負數。到了北宋時期，代數方程發展成為求高次方程的數值解，創造了「增乘開方法」，將古代對數字方程的解法推進到了一個新的歷史階段。

在秦九韶所著的《數書九章》中，首先出現了三次以上的數字方程，並列舉了二十六個二次和二次以上的高次方程數值解法，其中包括有一個十次方程，方程中的係數既有正數，又有負數，既有整數，也有小數，進而將高次方程求正根的「增乘開方法」發展到了十分完備的程度，這就是我國數學史上著名的「正負開方術」。

秦九韶以前，我國數學家都認為「實」是已知量，當然是正數，相當於常數項為正，且位於算題等式右端；而秦九韶認為「實」最好和未知數放在一起，正負相消，組成開方式。因此，他規定「實常為負」，這樣可以把增乘開方的隨乘隨加貫徹到底。當首項係數不等於一時，秦九韶稱之為「開連枝某乘方」；而當方程的奇次冪係數都是零時，稱之為「開玲瓏某乘方」。開方中減根後方程的常數項一般越來越大，而接近於零；但有時常數項會由負變正，秦九韶稱之為「換骨」；有時常數項符號不變，而絕對值增大，則叫做「投胎」。當開方得到「無理根」時，秦九韶發揮了魏晉之際數學家劉徽首創的繼續開方計算的思想，用十進小數作「無理根」的近似值，這在世界數學史上也是最早的。

直到一八一九年，英國數學家霍納才發明了與秦九韶的《正負開方術》相類似的方法，稱為《霍納法》，但比秦九韶晚了有整整五百年。秦九韶關於求解任何數字方程正根的《正負開方術》，後來被稱之為「秦九韶程序」，是當今計算數學中求代數方程數值解所廣泛流行使用的一種極其簡便的方法，現今世界各國大中學的數學課程中，幾乎隨時都能接觸到它的定理、定律和解題原則。

專家品析

秦九韶是一位既重視理論又重視實踐，既善於繼承又勇於創新，既關心國計民生、體察民間疾苦、主張暢施仁政，又是支持和參與抗金、抗蒙戰爭的世界著名南宋數學家。

他所提出的大衍求一術和正負開方術及其名著《數書九章》，是中國數學史乃至世界數學史上光彩奪目的一頁，對後世數學發展產生了廣泛的影響。

科學成就

秦九韶的數學成就基本表現在他寫的《數書九章》中。《數書九章》的主要內容偏重於數學的應用方面，全書八十一道題目都是結合當時的實際需要提出的問題。大衍求一術是一次同餘方程組問題的核心解法，現在叫做中國剩餘定理。

31 授時曆世界彪炳，月球建環形山脈

——郭守敬．元

生平簡介

姓　　名	郭守敬。
字	若思。
出 生 地	河北省邢臺縣。
生 卒 年	一二三一至一三一六年。
身　　份	天文學家、數學家、水利學家。
主要成就	著有《授時曆》、《推步》、《立成》。

名家推介

郭守敬（1231-1316年），字若思，漢族，順德邢臺（今河北邢臺）人。中國元朝的天文學家、數學家、水利專家和儀器製造專家。

郭守敬一生主要貢獻在於修訂新曆法，經過四年時間制訂出《授時曆》，通行三百六十多年，是當時世界上最先進的一種曆法。一九八一年，為紀念郭守敬誕辰七百五十週年，國際天文學會以他的名字為月球上的一座環形山命名。

名家故事

郭守敬出生在一個學術氣氛十分濃郁的書香世家，祖父郭榮是當時的著名學者，精通數學、水利。郭守敬從小跟著祖父一面讀書，一面觀察自然現象，學得不少實際知識。後來，郭守敬又到紫金山學館求學，那裏會聚著許多飽學之士，相互切磋學問，使郭守敬獲益匪淺。

少年時代的郭守敬，沉靜好思，學習十分專心，很愛鑽研。一二六二年，三十二歲的郭守敬因才智過人，被推薦給元世祖忽必烈。見面之後，郭守敬不卑不亢，侃侃而談，面陳了自己關於興修水利的六條建議。他每說一條，忽必烈都要讚歎一聲，最後，這位君王感慨萬端地說道：「天下管事的人要都像這樣，哪會有不勞而食的人了。」立即任命郭守敬管理水利。

一二九一年，郭守敬經過多次實地勘測，找到了水源，立刻向忽必烈提出開鑿大都（今北京）通惠河工程的新方案，根據大都周圍西北高、東南低的地形，將大都西北昌平神山（今鳳凰山）腳下的白浮泉先引入甕山泊，並讓這條引水河在沿途攔截所有原先從西山東流的泉水，匯合成流，這樣，便可使運河水量大大增加。另外，由於這些泉水清澈明淨，幾乎不含泥沙，在運河下游還可建立一系列控制各段水位的閘門，以便運糧船能夠平穩行駛。忽必烈對這個周密的計劃極為重視，立即下令重設掌管水利工作的專門機構都水監，任命郭守敬主管。

第二年剛開春，開鑿大都運河的工程就正式動工了，只用了一年半時間，這條全長八十多千米的運河便全部竣工。忽必烈非常高興，親自為這條運河取名為「通惠河」。從此，南來的運糧船一直駛進了大都城。除了對水利事業的重大貢獻，郭守敬還在天文曆法、儀器製造、數學等領域內取得了令人矚目的成就。他一生最重大的貢獻，就是編制了《授時曆》。

一二七六年，元軍攻佔南宋都城臨安（今浙江杭州），全國統一的局面即將出現。前代留下來的曆法，已與實際不符，不能再沿用下去了。這年六月，忽必烈召見郭守敬，將重訂新曆的任務交給了他，並隨即成立了專門掌管天文曆法工作的中央機構太史局。

郭守敬花了兩年多時間，在一些著名天文學家、機械製造專家的協助下，精心設計研製了一整套天文儀器，包括簡儀、圭表、候報儀、渾天象、玲瓏儀、仰儀、立運儀、證理儀、景符、窺幾、日月食儀、星晷定時儀、正方案、丸表、懸正儀、座正儀、大明殿燈漏等十八種天文儀器，這些儀器精密、靈巧、輕便、實用，在當時的世界上處於遙遙領先的地位。

在觀測天象的過程中，郭守敬等人創制的天文儀器發揮了舉足輕重的作用。其中，最為人稱道的是圭表、仰儀和簡儀。

圭表，是測定二十四節氣的主要儀器。表是一根垂直立於地面的標竿，當太陽在子午線上時，表影投落在南北方向圭面上，量一下影子的長度，就可以推算出節氣。郭守敬利用小孔成像的原理，製造了一個名為「景符」的儀器，使日光通過小孔射到圭面，這樣影界就清晰多了。同時，又改進了圭表表高及量取長度，使測量的準確性大大提高。仰儀，是郭守敬獨創的觀察太陽位置、日食狀況的天文儀器，結構非常巧妙，不過，比它更令人叫絕的，當屬經郭守敬革新而創制的測定天體在天球上位置的儀器——渾儀。郭守敬對渾天儀進行了大膽的革新，使它變得結構簡單、方便實用，被人們稱為「簡儀」。這個儀器，比西方要早三個世紀。英國著名的中國科技史專家李約瑟博士讚賞地說：「標誌著從中世紀儀器向現代儀器轉變的主要發明，則是將窺管安裝於極軸上，即自由大圓環形成的支承裝置。這不是產生於文藝復興時期的西方，而是在元代皇家天文學家郭守敬的領導下於一二七六年完成的。」

一二八〇年春暖花開的時候，一部集古代曆法大成、準確精密的新曆——《授時曆》——終於編制而成。它規定一年為三百六十五點二四二五日，比地球繞太陽一周的實際執行時間只差二十六秒，與現行西曆的平均一年時間長度完全一致。

《授時曆》的頒行，比義大利葛列格裏提出的現行西曆要早近三百年。它的方法和資料一直被承用了三百六十四年之久，產生了巨大的影響，無疑是中國歷史上一個最進步的曆法。

一三一六年，這位代著名的天文學家和水利學家病逝，終年八十六歲。郭守敬，不僅是中華民族的驕傲，他的豐功偉績，也永遠銘刻在世界人民心中。

專家品析

郭守敬是中國元代傑出的天文、水利、數學、儀器儀表製造專家，他一生科技成就有十幾項遙遙領先世界，為人類科學事業的發展做出了巨大貢獻，受到中國乃至世界人民的敬仰。

他和張衡、蔡倫、祖沖之、僧一行、孫思邈、沈括、李時珍被推為我國古代八大科學家。國際天文組織做出決定，將月球背面的一座環形山和太陽系一顆國際編號為「2012」小行星，以郭守敬的名字命名，以紀念他在科學事業上的突出貢獻。

科學成就

一、郭守敬研製簡儀、高表、候報儀和仰儀等十八種儀表。

二、郭守敬和王恂、許衡等人，共同編制出我國古代最先進、施行最久的曆法——《授時曆》。

三、郭守敬編撰的天文曆法著作有《推步》、《立成》、《曆議擬稿》、《儀象法式》、《上中下三曆注式》和《修曆源流》等十四種共一百零五卷。

四、開鑿大都（今北京）通惠河。

32 紡織技術革新祖，百姓心中豐碑留

——黃道婆・元

生平簡介

姓　　名　黃道婆。
別　　名　黃婆、黃母。
出 生 地　松江府烏泥涇鎮。
生 卒 年　約一二四五至一三三〇年。
身　　份　宋末元初知名棉紡織家。
主要成就　教人製棉、推廣攪車、彈棉弓、紡車等器具、傳授「錯紗配色」等技術。

名家推介

黃道婆（約 1245-1330 年），又名黃婆或黃母，漢族，宋末元初知名棉紡織專家，松江府烏泥涇鎮（今上海市華涇鎮）人。

她由於傳授先進的紡織技術以及推廣先進的紡織工具受到百姓的敬仰。後世尊她為布業的始祖，至今還傳頌著「黃婆婆，黃婆婆，教我紗，教我布，二隻筒子二匹布」的民謠。

名家故事

大約在南宋理宗淳祐五年，黃道婆生於上海烏泥徑鎮的一個窮苦人家。當時，正是宋元更替、兵荒馬亂之際，土地貧瘠，糧穀短缺，百姓更是難以度日，不少人都靠種植棉花、紡線織布勉強糊口。

一天黃昏，十八歲的童養媳黃道婆像平時那樣，拖著疲累不堪的身子從田裏回來，匆匆吃了幾口稀飯，趕緊坐到織布機旁織起布來。「哐噹、哐噹」，單調的機杼聲，伴著她孤獨的身影，度過那漫漫長夜。織著織著，眼皮不由自主地黏在一起，「哐噹」聲聽不到了。突然，「啪啪」一陣毒打，黃道婆猛地一個激靈，睜眼一看，又是丈夫那副兇神惡煞般的嘴臉：「好你個懶蟲！我讓你偷懶！我讓你偷懶！」丈夫手捏竹棒，一邊罵，一邊不住地抽打她。過了一陣子，似乎是打累了，這才把她鎖在柴房，自己回屋睡覺去了。

皎潔的月光，從窗櫺射進來，照著柴堆上可憐的姑娘那滿是淚痕的臉龐。五年兩千個日日夜夜，她就是這麼煎熬過來的。公婆惡毒苛刻不說，丈夫更是蠻橫霸道。胸懷壯志的黃道婆痛苦到了極點，再也不甘忍受這封建牢獄的折磨，決心掙脫封建禮教枷鎖，離開黑暗的家庭。她知道，長江岸邊，沒有她的活路，便決定就此棄鄉遠航，訪求先進紡織技術，實現夙願。

無邊無際的大海上，波濤洶湧。一艘海船駛向中國南部邊陲。船艙的角落裏，蜷縮著一個瘦骨伶仃的村姑，她就是逃離虎口的黃道婆。也不知經過了多少天的顛簸，海船終於在海南島南端的崖州靠了岸。從此，黃道婆就在這片草木繁茂、海天宜人的熱帶土地上，開始了她不平凡的生活。

當時的海南島，是黎族同胞聚居的地區，棉織業十分發達，生產的棉織品種類繁多，織工精細，色彩豔麗，在全國首屈一指。僅作為「貢品」向皇宮進獻的各類棉布就有二十多種。從小就在織布機旁長大的黃道婆驚喜地發現，當地人的棉紡織技術是那樣的精湛。

在家鄉，棉籽是用手一粒粒往外剝，而這裏，卻是用一根鐵杖往外碾，一次就能碾出許多來；在家鄉，彈棉花的弓只有尺把長，而且用線做弓弦，又慢又累人，這裏的彈弓卻足足有四尺長，弓弦還是用麻繩做成的，一彈就是一大片；在家鄉，手搖紡車一次只能紡一根紗，這裏的腳踏紡車，可以同時紡三根紗；在家鄉，織布機只能織出一色的白粗布，這裏的織布機卻既能套色，又能提花……這些精巧的工具和技藝，使黃道婆感觸頗深。為了早日掌握黎家技術，她刻苦學習黎族語言，耳聽、心記、嘴裏練，努力和黎族人民打成一片，虛心地拜她們為師。

她研究紡棉工具，學習紡棉技術，廢寢忘食，爭分奪秒，著了迷、入了癖。就這樣在黎族同胞的悉心傳授下，她白天學，夜裏練，很快就熟悉和掌握了各道製棉、織布的工序，同時，她又在操作過程中融進了家鄉織布技術的長處，使自己的技藝長進更快，逐漸成了當地出名的紡織能手。

歲月恰似織布快梭，轉眼之間，到了十三世紀末。蒙古征服者早已囊括全國，南宋王朝覆滅了二十多年。為了緩和各族人民的反抗，元朝統治者慢慢改變以前那樣屠殺掠奪政策，實行一些恢復和發展生產的措施，江南經濟開始好轉。

二十多年的歲月，也在黃道婆臉上留下了深深的印痕。那眼角的魚尾紋中，記載著她的辛勞，也銘刻著她對故鄉的一往情深。常言道：「葉落歸根。」進入中年的黃道婆，思鄉之情與日俱增，終於，在黎族鄉親們的一片祝福聲中，她身背紡織工具，踏上了北歸的海船。

回到闊別多年的父老鄉親當中的黃道婆，不僅把自己在海南學得的先進生產經驗毫無保留地教給故鄉人民，而且還結合當地實際情況，系統地改進了從軋籽、彈花到紡紗、織布的全部生產工序，創造了一套新型的紡織工具。

在黃道婆離世後不久，松江一帶就成為全國的棉紡織業中心，歷數百年之久而不衰，以致有「松郡棉布、衣被天下」的盛稱。松江棉布不僅深受國內人民的歡迎，還遠銷歐美各地，為祖國贏得了很高的聲譽。可以毫不誇張地講，黃道婆為開拓我國棉紡織業的廣闊天地，為棉布衣衫在華夏大地的普及，為百姓送去溫暖和美化生活做出了無私的貢獻，她無愧於是勞動人民勤勞聰慧的女兒。

專家品析

黃道婆一生刻苦研究、辛勤實踐，有力地影響和推動了我國棉紡織業的發展，她的業績在我國紡織史上燦然發光。

中華人民共和國成立後，黨和人民政府組織人力，為黃道婆重新修墓立碑，栽植青松翠柏，表彰這位女紡織技術革新家、科學家的功績，寄託人民的長遠哀思和深切懷念。黃道婆的奮鬥精神，將永遠鼓舞人們向科學的高峰攀登。

科學成就

黃道婆改造的三錠棉紡車，使紡紗效率一下子提高了兩三倍，而且操作也很省力，被視為當時世界上最先進的紡織工具。

黃道婆除了在改革棉紡工具方面做出重要貢獻以外，她還把從黎族人民那裏學來的紡織技術，結合自己的實踐經驗，總結成一套比較先進的「錯紗、配色、綜線、提花」等織造技術，並廣為傳播，為後世我國成為棉紡大國立下不可磨滅的貢獻。

33 王禎農書兩版本，科學闡述記錄真

——王禎．元

生平簡介

姓　　名　王禎。

字　　　　伯善。

出 生 地　元代東平（今山東東平）。

生 卒 年　一二七一至一三六八年。

身　　份　中國古代農學家、農業機械學家。

主要成就　著有《王禎農書》。

名家推介

王禎（1271-1368 年），字伯善，元代東平（今山東東平）人。中國古代農學家、農業機械學家。

他對農、桑、六穀和農器都有精深研究，提倡種植桑、棉、麻等經濟作物，教人種樹和改良農具，並撰寫《王禎農書》（原名《農書》）二十二卷。

名家故事

王禎做過兩任縣尹，一是元成宗元貞元年任宣州旌德縣縣尹，在職六年；二是元成宗大德四年，調任信州永豐縣縣尹。王禎為官恪盡職守，公正無私，勤勉務實，為民辦事。他在旌德縣尹任內，為老百姓辦過許多好事。他生活儉樸，經常將薪俸捐給地方興辦學校，修建橋樑，整修道路，施捨醫藥，博得當時百姓的愛戴。有一年碰上旱災，眼看禾苗都要旱死，農民心急如焚，王禎看到旌德縣許多河流溪澗有水，想起從家鄉東平來旌德縣的時候，在路上看到一種水轉翻車，可以把水提灌到山地裏。王禎立即開動腦筋，畫出圖樣，又召集木工、鐵匠趕製，組織農民抗旱，就這樣，製造出來的水轉翻車使旌德縣幾萬畝山地的禾苗得救了。

王禎繼承了傳統的「農本」思想，認為國家從中央到地方政府的首要政事就是抓農業生產。無論是在旌德還是永豐任職，王禎勸農工作政績斐然。所採取的方法是，每年規定農民種植桑樹若干株；對麻、禾、黍等作物，從播種到收穫的方法，都一一加以指導；畫出各種農具圖形，讓百姓仿造試制使用。王禎在永豐縣尹任內，以獎勵農業和教育為主要任務，經常購買桑樹苗、棉花籽教導農民種植，鼓勵他們種好莊稼。旌德、永豐兩縣民眾對他十分敬重，念念不忘。

王禎認為，吃飯是百姓的頭等大事，作為地方官，應該熟悉農業生產知識，否則就無法擔負勸導農桑的責任，因此，他留心農事，處處觀察，積累了豐富的農業知識。每到一地，就傳播先進耕作技術，引進農作物的優良品種，推廣先進農具。這些做法為後來撰寫《農書》積累了豐富的材料。

元朝時期，農業生產技術不斷提高，生產經驗更加豐富，農業生產也有了更大發展。在統一中國的過程中，封建統治者逐漸看到農業生產有利於封建剝削，元世祖忽必烈在位時，開始採取一些發展農業生產的措施，如設置勸農官、建立專管農桑水利的機構司農司等，從一定程度上對農書的編寫產生了推動作用。所以，在這一歷史時期，先後產生了幾部農業科學著作。王禎《農書》大約是在旌德縣尹期間著手編寫的，直到調任永豐縣尹後才完成。元仁宗皇慶二年，王禎又為這本書寫了一篇自序，正式刻版發行。

《王禎農書》的突出特點有四：一是比較全面系統地論述了廣義的農業，對農業的內容和範圍，以及農業生產中客觀規律性和主觀能動性的各個方面，都能有個清晰明瞭的認識。這是《王禎農書》的一大特色。二是兼論南北農業，對南北農業的異同進行了分析和比較。三是有比較完備的「農器圖譜」，《王禎農書》中的「農器圖譜」是王禎在古農書中的一大創造。它約占全書篇幅的五分之四，插圖二百多幅，涉及的農具達一百零五種，可以說是豐富多彩，洋洋大觀，別開生面。四是在「百穀譜」中對植物性狀的描述，其中包括穀屬、蔬屬、果屬、竹木、雜類等內容。

《王禎農書》主要的成就在於：王禎為了在農業生產中貫徹「時宜」原則，對曆法和授時問題作了簡明總結。同時，他還指出：不要依曆書所載月份，而用節氣定月，這樣就可以正確代表季節性變化；其次圖中所列各月農事，只適用於一個地區，其它地區應當按照緯度和其它因素來變更。如果各地都能斟酌當地的具體情況制定這樣一個農事月曆，對在農業生產中貫徹「時宜」原則將會有很大幫助。為了在農業生產中貫徹「地宜」原則，王禎創制了一幅《全國農業情況圖》。這幅圖是根據全國各地的風土和農產知識繪製的，它能幫助人們辨別各地不同的土壤，以便遵循「地宜」原則，實行因土種植和因土施肥。

在王禎以前的重要農書中，大都沒把增肥和灌溉放在重要地位，如《氾勝之書》和《齊民要術》中的農業總論部分都沒有談到增肥和灌溉問題，只是在各論部分中才談到，可見淝水問題在農業增產中仍然沒佔有舉足輕重的地位。《王禎農書》不僅將「糞壤」和「灌溉」擺在農桑重要位置上，而且在理論上和實踐上都有新發展。

王禎博學多識，才華橫溢，不僅是一位出色的農學家，而且是一位精巧的機械設計製造家和印刷技術的革新家，還是一位詩人。

專家品析

王禎是中國古代著名的四大農學家之一，同漢代的氾勝之、後魏的賈思勰、明代的徐光啟齊名。他的《王禎農書》在中國農學史上佔有極其重要的地位，繼承了前人在農學研究上所取得的成果，總結了元朝以前農業生產實踐的豐富經驗，全面系統地解釋了廣義農業生產所包括的內容和範圍。

王禎不愧是我國十四世紀偉大的農學家，其《王禎農書》也不愧是一部有很高的科學價值的農業全書。王禎和他的《農書》在我國農學史上佔有崇高的地位。

科學成就

《王禎農書》的規模宏大，範圍廣博。全書共三十七卷，大約十三萬字，插圖三百多幅。其中包括「農桑通訣」、「百穀譜」和「農器圖譜」三大部分，既有總論，又有分論，圖文並茂，系統分明，體例完整。它是我國第一部從全國範圍對整個農業作系統全面論述的著作，是我國古代一部農業百科全書。

34 醫學藥學診斷學，奇經八脈五臟圖

——李時珍．明

生平簡介

姓　　名	李時珍。
字	東璧。
出 生 地	湖北黃岡。
生 卒 年	一五一八至一五九三年。
身　　份	醫學家、藥物學家。
主要成就	著有《本草綱目》。

名家推介

李時珍（1518-1593 年），字東璧，晚年自號瀕湖山人，湖北蘄州（今湖北省黃岡市蘄春縣蘄州鎮）人，漢族，中國古代偉大的醫學家、藥物學家。

他一生著有《瀕湖脈學》、《本草綱目》等中醫藥經典。他一生尤其重視本草，並富有實踐精神，肯向勞動人民群眾學習的精神值得褒揚。

名家故事

李時珍自小聰明穎悟，才智過人，十四歲便考中了秀才，但可惜的是從十七歲起，李時珍接連三次鄉試都名落孫山。從此，本就不想做官的他，便徹底放棄了功名，一心一意當起郎中來。

在行醫過程中，李時珍發現有一位醫生為一名精神病人開藥，用了一味藥，病人服藥後很快就死了。還有一個身體虛弱的人，吃了醫生開的一味補藥，也莫名其妙地送了性命。原來，幾種古藥書上，記錄的藥物機理出現了極大的偏差。這一樁樁、一件件藥物誤人的事，在李時珍心中激起巨大的波瀾。毫無疑問，古醫藥書籍蘊涵著豐富的知識和寶貴的經驗，但也確定存在著一些謬誤。若不及早訂正，醫藥界以它們為憑，勢必出現很多偏差，輕者會耽誤治病，重者要害人性命，於是李時珍決心重新編寫一部完善的藥物書。

在以後的十年中，他全身心地沉浸在浩如煙海的醫書寶庫中，熟讀了《內經》、《本草經》、《傷寒論》、《金匱要略》等古典醫籍以及歷代名家著述和大量關於花草樹木的書籍，單是筆記就裝了滿滿幾櫃子，為修訂本草積累了許多珍貴資料。

一五五一年，由於李時珍醫術精湛，名傳四方，便被舉薦擔任了太醫院的醫官。這太醫院，是明王朝的中央醫療機構，院中擁有大量外界罕見的珍貴醫書資料和藥物標本。李時珍在這裏大開眼界，一頭栽進書堆，夜以繼日地研讀、摘抄和描繪藥物圖形，努力吸取著前人提供的醫學精髓。與此同時，他多次向院方提出編寫新本草的建議。然而，他的建議不僅未被採納，反而遭到無端的譏諷挖苦與打擊中傷，李時珍很快便明白，這裡絕非自己用武之地，要想實現畢生為之奮鬥的理想，只有走自己的路，一年後，他毅然告病還鄉。

一五五二年，三十五歲的李時珍著手按計劃重修本草。從此，李時珍走出家門，深入山間田野，實地對照，辨認藥物。除湖廣外，先後到過江西、江蘇、安徽、河南等地，足跡遍及大江南北，行程達兩萬餘里。那些種田的、捕魚的、打柴的、狩獵的、採礦的，無不成為他的朋友和老師，為他提供了書本上不曾有過的豐富藥物知識。

一次，李時珍路過河南境內的一處驛站，見幾個車夫正在把一些粉紅色的草花放在鍋中煎煮，他湊近去看了看，見不過是南方隨處可見的旋花，卻不知這些車夫煮它有何用？便向他們開口討教，一個車夫答道：「我們這些人常年在外，風裏來雨裏去，盤骨多半都落下了傷痛，喝點旋花湯，能治盤骨病。」李時珍用心把這種藥草的形狀、藥性等記了下來，並把它寫進書中。

還有一次，李時珍帶著弟子來到武當山。武當山是天然的藥物寶庫，師徒二人彷彿探寶者發現了鑽石礦，一下子被這些花草迷住了。九仙子、朱砂根、千年艾、隔山消等這些名貴藥物一一被他們採集下來，製成標本。這天，徒弟劈藤開路，仔細尋覓。突然，他眼睛一亮：曼陀羅花！這是華佗配製麻沸散的名藥。李時珍顯然也非常興奮，指點著花兒對徒弟說：「可惜，麻沸散早已失傳了。這種花有毒，究竟如何配藥，還得重新試驗呢。」以後，為弄清曼陀羅花的毒性，取得可靠驗方，李時珍又冒著生命危險，親口嘗試，證實了它的麻醉作用，並把它同火麻子花配合，製成了手術用的麻醉劑。

李時珍一路考察，一路為父老鄉親們治病，深受人們尊敬與依賴。李時珍深切地感到，這廣闊的田野上，處處都是知識的天地，日日都會有新的收穫。就這樣，李時珍幾十年如一日，在醫學的道路上艱難跋涉，終於實現了他夢寐以求的理想：一五七八年，一部具有劃時代意義的藥物學巨著——《本草綱目》終於脫稿了。

這部曠世名著有一百九十多萬字，每一個字都浸透著李時珍的心血。書中編入藥物一千八百九十二種，其中新增藥品三百七十四種，並附有藥方一萬零九十六個，插圖一千多幅。其規模之大，超過了過去的任何一部本草學著述。它綜合了植物學、動物學、礦物學、化學、天文學、氣象學等許多領域的科學知識。它的極為系統而嚴謹的編排體例、大膽糾正前人謬誤的確鑿證據以及繼承中有發揚的科學態度，都令人讚歎不已。

遺憾的是，李時珍生前並沒有親眼看到自己終身為之嘔心瀝血的這部巨著印刷成書。一五九三年初秋，這位七十六歲高齡的老人告別人世時，《本草綱目》還在南京由書商胡承龍等人主持刻板，直到三年後才印出書籍。

專家品析

李時珍的一生，成果卓著，功績彪炳，為祖國的醫藥事業做出了巨大貢獻。他不僅是中華民族的驕傲，也是公認的世界文化名人。如今李時珍墓前，有一座用花崗石砌成的墓門，橫樑上鐫刻著「科學之光」四個大字，這便是華夏子孫對他的最高讚譽。

《本草綱目》不僅對中醫藥學具有極大貢獻，而且對世界自然科學的發展也起了巨大的推動作用，被譽為「東方醫藥巨典」，英國著名生物學家達爾文也曾受益於《本草綱目》，稱它為「中國古代百科全書」。

科學成就

李時珍一生著述頗豐，除代表作《本草綱目》外，還著有《奇經八脈考》、《瀕湖脈學》、《五臟圖論》等十種著作。

35 中西交流先驅者，科學著作博眾長

——徐光啟．明

生平簡介

姓　　名	徐光啟。
字	子先。
號	玄扈。
出 生 地	上海。
生 卒 年	一五六二至一六三三年。
身　　份	科學家、政治家、軍事家、農學家。
主要成就	譯《幾何原本》、著有《農政全書》、《崇禎曆書》、《考工記解》。

名家推介

徐光啟（1562-1633 年），字子先，號玄扈，漢族，明朝南直隸松江府上海縣人。

他官至禮部尚書、文淵閣大學士，贈太子太保、少保，謚文定。中國明末數學家、農學家、政治家、軍事家，徐光啟也是中西文化交流的先驅者之一，是上海地區最早的天主教徒，被稱為「聖教三柱石」之首。

名家故事

青少年時代的徐光啟，聰敏好學，活潑矯健，二十歲考中秀才以後，他在家鄉和廣東、廣西教書，白天給學生上課，晚上廣泛閱讀古代的農書，鑽研農業生產技術。由於農業生產同天文曆法、水利工程的關係非常密切，而天文曆法、水利工程又離不開數學，他又進一步博覽古代的天文曆法、水利和數學著作。萬曆九年中秀才後，因家境關係，徐光啟開始在家鄉教書。加之連年自然災害，他參加舉人考試又屢試不中，這期間，他備受辛苦。

萬曆二十一年，徐光啟在韶州見到了傳教士郭居靜，這是徐光啟與傳教士的第一次接觸。萬曆二十五年，徐光啟由廣西入京應試，本已落選，但卻被主考官焦竑於落第卷中檢出並提拔為第一名。但不久焦竑丟了官，轉年徐光啟參加會試也未能考中進士，他便又回到家鄉教書。

在同傳教士郭居靜交往的時候，徐光啟聽說到中國來傳教的耶穌會會長利瑪竇精通西洋的自然科學，就到處打聽他的下落，想當面向他請教。一六〇〇年，他得到了利瑪竇正在南京傳教的消息，專程前往南京拜訪。徐光啟見到利瑪竇，對他表示了仰慕之情，希望向他學習西方的自然科學。利瑪竇看他是個讀書人，也想向他學習中國古代的文化典籍，並熱衷發展他為天主教徒，就同他交談起來。他們從天文談到地理，又談到中國和西方的數學。臨別的時候，利瑪竇對徐光啟學習西方自然科學的請求並沒有答應，卻送給他兩本宣傳天主教的小冊子。經過三年的考慮，萬曆三十一年，徐光啟在南京接受洗禮，全家加入了天主教，後來徐光啟一直是教會中最為得力的幹將。

徐光啟考中進士已經四十三歲，後擔任翰林院庶起士的官職，在北京住了下來，撰寫了不少著述，其中《擬上安邊禦敵疏》、《擬緩舉三殿及朝門工程疏》、《處置宗祿邊餉議》、《漕河議》等，表現了徐光啟憂國憂民的思想和淵博的治國安邦的謀略。

利瑪竇在同徐光啟見面的第二年，也來到了北京，徐光啟再次請求利瑪竇傳授西方的科學知識，利瑪竇爽快地答應了。他用公元前三世紀左右希臘數學家歐幾里得的著作《幾何原本》做教材，對徐光啟講授西方的數學理論。一六〇七年的春天，徐光啟和利瑪竇譯出了歐幾里得這部著作的前六卷，徐光啟想一鼓作氣，接著往下譯，爭取在年內譯完後九卷，但利瑪竇卻主張先將前六卷刻印出版，聽聽反映再說。付印之前，徐光啟又獨自一人將譯稿加工、潤色了三遍，盡可能把譯文改得準確，然後他又同利瑪竇一起，共同敲定書名的翻譯問題，這些都體現了他在科學上一絲不苟的精神。

徐光啟科學方面的成就體現在以下幾個方面：

徐光啟在天文學上的成就主要是主持曆法的修訂和《崇禎曆書》的編譯。在曆書中，他引進了圓形地球的概念，明晰地介紹了地球經度和緯度的概念，他為中國天文界引進了星等的概念，提供了第一個全天性星圖，成為清代星表的基礎。在計算方法上，徐光啟引進了球面和平面三角學的準確公式，並首先作了視差、蒙氣差和時差的訂正。

「幾何」名稱的由來，是由徐光啟首先提出來的。徐光啟在數學方面的成就，概括地說，有三個方面：論述了中國數學在明代落後的原因；論述了數學應用的廣泛性；翻譯並出版了《幾何原本》。

徐光啟一生關於農學方面的著作很多，有《農政全書》、《甘薯疏》、《農遺雜疏》、《農書草稿》、《泰西水法》等，徐光啟對農書最主要的是《農政全書》的著述。《農政全書》主要包括農政思想和農業技術兩大方面，而農政思想約占全書一半以上的篇幅。

徐光啟的農政思想主要表現在：用墾荒和開發水利的方法來力圖發展北方的農業生產；備荒、救荒等荒政，是徐光啟農政思想的又一重要內容。

農業技術方面：(一) 破除了中國古代農學中的風土論思想，「風」指氣候條件，「土」指土壤等地理條件，徐光啟舉出不少例證，說明通過試驗可以使過去被判為不適宜的作物得到推廣種植，徐光啟對風土論思想的破除，推進了農業技術的發展。(二) 進一步提高了南方的旱作技術，他指出了棉、豆、油菜等旱作技術的改進意見，特別是對長江三角洲地區棉田耕作管理技術，提出了精闢的改進意見。(三) 推廣甘薯種植，總結栽培經驗。(四) 總結蝗蟲蟲災的發生規律和治蝗的方法。

專家品析

徐光啟以赤誠之心報效祖國，以開放之心獻身科學，以進取之志探求真理，傳播文明之火，成為通曉中西第一人。可見，徐光啟是我國歷史上富有科學成就的一位可敬高官，他的中西合璧的開放精神，將永遠昭示後人不斷進取。

從中國科技史的角度講，徐光啟作為中西文化科技交流先驅者的地位，要高於他作為農學家的地位。徐光啟引入西方科技的時間，在鴉片戰爭前二百三十多年。但徐光啟的《農政全書》和與徐光啟幾乎同時代的宋應星的《天工開物》，都是帶有近代百科全書意義的專業科技巨著，比西方的第一部百科全書要早出一百多年！

科學成就

徐光啟留給我們的偉大文化遺產便是《農政全書》，這部農業科學的偉大著作總結了我國歷代農業生產技術和經驗，是我國古代農業方面的集大成之作。

36 天工開物十八卷，農學著述經典篇

——宋應星．明

生平簡介

姓　　名	宋應星。
字	長庚。
出 生 地	江西奉新北鄉雅溪牌坊村。
生 卒 年	一五八七至一六六六年。
身　　份	科學家。
主要成就	著有《天工開物》。

名家推介

宋應星（1587-1666 年），字長庚，江西奉新北鄉雅溪牌坊村人，漢族，中國明末科學家。

在當時商品經濟高度發展、生產技術達到新水準的條件下，宋應星著成《天工開物》一書，被歐洲學者稱為「技術的百科全書」。他還著有《野議》、《談天》、《論氣》、《思憐》四部著作，但可惜均已遺失。

名家故事

宋應星的生活時代是明朝末期，他親眼目睹了官場弊端叢生的黑暗現象，最終與科舉仕途決裂，轉向實學，尤其是研究農業和手工業生產技術，做了多年考察和廣泛的社會調查，這一切都為他日後撰寫《天工開物》作了準備。他雖歷盡艱辛跋涉萬里未得進士功名，卻獲得極珍貴的科學技術知識和社會見聞，思想更為激進，成為對舊學術傳統持批判態度的啟蒙思潮的代表人物。他一生博學多才，又勤於著述，是一位百科全書式的學者。

《天工開物》是宋應星最主要的代表作。崇禎十年由友人涂紹煃資助，初版刊刻於南昌府地區。全書三卷十八篇，內容涉及中國古代農業和手工業三十個生產部門的技術和經驗，幾乎包括了社會全部生產領域。編輯先後順序是將與食、衣有關的農業放在首位，其次是有關工業的，體現了他重農、重工和注重實學的思想。

《天工開物》上卷六篇多與農業有關。《乃粒》主要論述稻、麥、黍、稷、粱、粟、麻、菽（豆）等糧食作物的種植、栽培技術及生產工具，包括各種水利灌溉機械，並對以江西為代表的江南水稻栽培技術詳加介紹。《乃服》包括養蠶、繅絲、絲織、棉紡、麻紡及毛紡等生產技術，以及工具、設備，特別著重於浙江嘉興、湖州地區養蠶的先進技術及絲紡、棉紡技術，並繪出大型提花機結構圖。《彰施》介紹植物染料和染色技術，偏重靛藍種植、藍靛提取以及從紅花提取染料的過程，還涉及諸色染料配色及媒染方法。《粹精》敘述稻、麥收割、脫粒及磨粉等農作物加工技術，偏重加工稻穀的風車、水碓、石碾、土礱、木礱及製麵粉的磨、羅等。《作鹹》論述海鹽、池鹽、井鹽等鹽產地及製鹽技術，尤其詳盡論述海鹽和井鹽。《甘嗜》敘述甘蔗種植、榨糖和製糖技術及工具，還有蜂蜜和麥芽糖等。每篇敘述均有主有次，選擇重要產品為研究重點，突出介紹先進地區的生產技術。

中卷有七篇，多為手工業技術。《陶埏》敘述房屋建築所用磚瓦及日常生活所用陶瓷器的製造及工具，著重江西景德鎮生產民用白瓷的技術，從原料配製、造坯、過釉到入窯燒製都給予說明。《冶鑄》是論述中國傳統鑄造技術最詳細的記錄，著重敘述銅鐘、鐵鍋和銅錢鑄造技術及設備，包括失蠟、實模及無模鑄造三種基本方法。《舟車》專述有關交通工具。《錘鍛》系統論述鐵器和銅器鍛造工藝，從萬斤大鐵錨到纖細繡花針都在討論範圍之內，而各種生產工俱如斧、鑿、鋤、鋸等製造以及焊接、金屬熱處理等金屬加工工藝的普及。《燔石》涉及燒製石灰、採煤、燒製礬石、硫黃和砒石技術，對煤的分類、採掘、井下安全作業均有論述。《膏液》介紹十六種油料作物的產油率、油的性狀、用途，以及用壓榨法與水代法提製油脂的技術和工具，還談及柏皮油製法及用柏油製蠟燭的技術。《殺青》論紙的種類、原料及用途，詳細論述了造竹紙及皮紙的全套工藝技術和設備，所提供的生產操作圖特別珍貴。

下卷有五篇，也屬工業。《五金》論述金、銀、銅、鐵、錫、鉛、鋅等金屬礦開採、洗選、冶煉和分離技術，還有灌鋼、各種銅合金的冶煉，所附生產過程圖十分難得。其中記載不少中國發明創造。《佳兵》涉及弓箭、弩等冷武器及火藥、火器的製造技術，包括火炮、地雷、水雷、鳥銃和萬人敵等武器。《丹青》主要敘述以松煙、油煙製墨及做顏料用的銀朱（硫化汞）的製造技術，產品用於文房。《曲蘗》記述酒母、藥用神曲及丹曲（紅麴）所用原料、配比、製造技術和產品用途，其中紅麴具有特殊性能，是宋代之後才出現的新產品。《珠玉》則記述南海採珠、新疆和田地區採玉，還談到井下採寶石的方法和加工技術，兼有瑪瑙、水晶和琉璃。

全書除文字敘述之外，還附有一百二十三幅插圖，配以說明，展示工農業各有關生產過程，生動而真實，書中絕大部分內容都是在南北各地實地調查的資料。

宋應星在敘述各生產過程的同時，還發展了科學試驗的研究方法。他對各種迷信神怪、荒誕舊說都有所批判，如對煉丹術的批判更為激烈，從而在科學技術領域內注入一種新的科學精神，這是《天工開物》一書的最大特色，使人們感到耳目一新。

專家品析

宋應星是中國十七世紀明代著名的科學家，他的最主要的代表作《天工開物》，被譽為十七世紀中國科技的百科全書。全書三卷十八篇，所敘述內容涉及中國古代農業和手工業三十個生產部門的技術和經驗，幾乎包括了社會全部生產領域。編次先後順序是按照「貴五穀而賤金玉」的原則安排的，將與食、衣有關的農業放在首位，其次是有關工業，而以珠玉殿後，體現了他重農、重工和注重實學的思想。該書影響波及世界，宋應星因而在世界科學史上享有極高的盛譽。

科學成就

《天工開物》全書詳細敘述了各種農作物和工業原料的種類、產地、生產技術和工藝裝備，以及一些生產組織經驗，既有大量確切的資料，又繪製了一百二十三幅插圖。全書分上、中、下三卷，又細分為十八卷。上卷記載了穀物豆麻的栽培和加工方法，蠶絲棉苧的紡織和染色技術，以及製鹽、製糖工藝。中卷內容包括磚瓦、陶瓷的製作，車船的建造，金屬的鑄鍛，煤炭、石灰、硫黃、白礬的開採和燒製，以及榨油、造紙方法等。下卷記述金屬礦物的開採和冶煉，兵器的製造，顏料、酒麴的生產，以及珠玉的採集加工等。

37 曆算名家開山祖，天文數學承易經

——梅文鼎．清

生平簡介

姓　　名	梅文鼎。
字	定九
號	勿庵。
出 生 地	安徽宣城。
生 卒 年	一六三三至一七二一年。
身　　份	天文學家、數學家。
主要成就	著有《明史曆志擬稿》、《曆學疑問》、《古今曆法通考》、《勿庵曆算書目》等。

名家推介

梅文鼎（1633-1721 年），字定九，號勿庵，漢族，安徽省宣城市人。他是清初著名的天文學家、數學家，為清代「曆算第一名家」和「開山之祖」。

他的天文學著作有四十多種，數學著作二十多種，著名著作有《明史曆志擬稿》、《曆學疑問》、《古今曆法通考》、《勿庵曆算書目》等。

名家故事

梅文鼎一生以讀書、著書為事，以教書為業，把學習研究和傳道授業結合為一體。他交遊廣泛，足跡遍及大江南北，他一面設館授徒，一面尋師訪友，他向別人請教，虛懷若谷；為人答疑解難，則循循善誘，誨人不倦。他的著作，深入淺出，通俗易懂。

康熙八年至十六年間，梅文鼎與方中通在南京第四次見面，他們交誼深厚，每次都商討論辯中西數學問題；其後又有多次書信來往。梅文鼎為方中通所撰算書《數度衍》作序言；方中通則為梅文鼎著《中西算學通》作序言。康熙十二年梅文鼎應施潤章的邀請，撰寫《寧國府志分野稿》、《宣城縣志分野稿》各一卷，後又應皖江陳默江太史函請，撰寫《江南通志分野擬稿》一卷。

康熙二十八年，奉明史館邀請，梅文鼎到達北京，廣交學者名流，梅文鼎關於曆算的宏論，一時名聲大震，梅文鼎在北京、天津前後有五年時間，曾撰寫《明史曆志擬稿》三卷。然而由於朝中官員的妒忌，他又素性恬淡，只是在北京和天津等處，設館授徒和研究學問而已。

康熙四十一年，康熙帝南巡到德州，大臣李光地向皇帝進獻梅文鼎《曆學疑問》三卷，康熙十分賞識，帶回宮仔細閱讀。次年春，康熙將御筆批閱過的本子給了李光地說：「此書沒有毛病和錯誤，可以成為術數計算的教育版本。」這一年，梅文鼎再次應李光地的邀請，一方面教授李氏子弟和青年學者，一方面校訂所著《弧三角舉要》等書，準備印刷。

康熙四十四年農曆閏四月，康熙帝於南巡途中，在德州運河船上三次召見梅文鼎，並數次給予他對曆算的褒獎。

梅文鼎七十歲時撰寫《勿庵曆算書目》一卷，介紹他所著書的內容梗概和寫作緣起。晚年他還在家鄉孜孜不倦地整理校訂平生所著各書，以備刊印。

康熙六十年，梅文鼎卒於家鄉宣城，時年八十九歲。康熙帝特命江寧織造曹為之為他辦理喪事，選擇墓地。

梅文鼎的一生的科學貢獻主要體現在：

元代中葉以前，中國數學、天文學研究居世界領先地位。但經元末明初以來三百餘年的荒廢，到了清初，出現了經典散失、算法失傳、曆法失修的嚴重局面，中國傳統的曆算學幾乎成了絕學。而在此期間，歐洲經歷了文藝復興運動，科學技術突飛猛進。以利瑪竇為首的一批傳教士於明末進入中國，帶來了《幾何原本》和西洋曆法等科學知識，受到了以徐光啟為代表的部分知識分子的歡迎；但同時也遭到了以楊光先為代表的保守派的抵制和反對。到了清初，新舊曆法之爭更趨激烈，演成了長達十年之久的「曆法訴訟」。梅文鼎深知這場曆法爭議將無休無止，所以，首先自己廣泛搜尋古今中外曆算書籍，下工夫研讀，力求貫通，遇所疑處，廢寢忘食。中國傳統曆法，以元代郭守敬《授時曆》最為精密，明代沿用更名為《大統曆》。梅文鼎的研究從大統曆、授時曆開始，向上追溯到歷代七十餘家曆法，一一探求它的根本與源流；同時參閱考究西洋各家曆法，比較中西異同之處，求得中西曆法的融合。於是編著《古今曆法通考》五十八卷，後來增補成七十餘卷。又著其它曆算書五十多種，其中《曆學疑問》三卷、《曆學疑問補》二卷、《交食管見》一卷、《交蝕蒙求》三卷、《平立定三差解》一卷等，被乾隆欽定《四庫全書》收錄。

曆法的制定和修改離不開測算；曆理更需要用數學原理來闡明。梅文鼎為研究天文曆法的需要，對數學進行了深入的研究，取得了重大成就。他的第一部數學著作是《方程論》，撰成於康熙十一年。當時正是西洋傳教士趾高氣揚、蔑視中國傳統文化之時，梅文鼎抓住「方程」這一中國傳統數學精華首先發論，來顯示中華數學的驕傲，是頗有愛國情懷的。

但他對於西算卻能採取正確的態度，他在發掘整理中國古算的同時，潛心研讀《幾何原本》等西算書籍，力求會通中西算法。他把所著二十六種數學書統名為《中西算學通》，以此來實踐他的主張。其中《籌算》七卷、《筆算》五卷、《度算釋例》二卷、《平三角法舉要》五卷、《弧三角舉要》五卷、《環中黍尺》五卷、《塹堵測量》二卷、《方圓冪積》二卷、《幾何補編》五卷，連同《方程論》六卷等共十四種，都被《四庫全書》輯錄，對後世數學界影響特別巨大。

專家品析

梅文鼎天文曆算和數學著作大致可分為五類：一是對古代曆算的考證和補訂；二是將西方新法結合中國曆法融會一起的闡述；三是回答他人的疑問和授課的講稿；四是對天文儀器的考察和說明；五是對古代方志中天文知識的研究。他的數學著作達二十六種，集中西數學於一爐，集古今中外之大成，總名為《中西算學通》。

梅文鼎不僅是一位有傑出成就的自然科學家，而且能詩能文，他所寫的序言、引言之類，落筆成趣，文采斐然，頗有文學欣賞價值。他既不泥古守舊，也不盲目崇拜，而是批判地吸收外來文化。梅文鼎是我國承前啟後的傑出的天文學家、數學家，與英國的牛頓、日本的關孝和同稱為世界科學巨匠。

科學成就

梅文鼎中西天文學的造詣很深，天文學著作有四十多種，糾正了前人的許多錯誤，在這些方面的貢獻，對當時和後世融會貫通中西方天文學具有很大的作用。

梅文鼎最重要的貢獻是在數學方面，他寫了二十多種數學著作，將中西方的數學進行了融會貫通，對清朝數學的發展起了推動作用。

38 岐黃要術苦專研，醫術精深噪當世

——王清任．清

生平簡介

姓　　名	王清任。
別　　名	全任；字：勳臣。
出 生 地	中國河北。
生 卒 年	一七六八至一八三一年。
身　　份	醫生。
主要成就	著有《醫林改錯》。

名家推介

王清任（1768-1831 年），又名全任，字勳臣。清代直隸省（今河北省）玉田縣人，他是富有革新精神的解剖學家和醫學家。

他年輕時精心學醫，並在北京開一藥鋪行醫，醫術精深，在當時很有影響。他孜孜不倦地研究典籍，在古書中對人體構造與實際情況不符的地方，敢於提出修正批評，精心觀察人體的構造，並繪製圖形，糾正前人錯誤，寫成《醫林改錯》傳於後世。

名家故事

王清任受祖上行醫影響，二十歲棄武習醫，幾年之後譽滿玉田。三十多歲時，到北京設立醫館「知一堂」，成為京師名醫。他醫病不為前人的經驗所困，用藥獨到，治癒不少疑難病症。

王清任一生讀了大量醫書，衝破封建禮教束縛，進行近三十年的解剖學研究活動。嘉慶二年，王清任到灤縣稻地鎮行醫時，適逢流行「溫疹痢症」，每日病死小孩一百多人，他冒著被傳染的危險，一連十多天，詳細對照研究了三十多具屍體內臟，和古醫書所繪的「臟腑圖」相比較，發現古書中的記載多不相符，他為了解除對古醫書中說的小兒「五臟六腑，成而未全」的懷疑，嘉慶四年六月，在奉天行醫時，聞聽有一女犯將被判處剮刑（肢體割碎），他趕赴刑場，仔細觀察，發現成人與小兒的臟腑結構大致相同。後他又去北京等地多次觀察屍體，並向見過死人的人求教，明確了橫膈膜是人體內臟上下的分界線。

王清任也曾多次做過動物解剖實驗，經過幾十年的鑽研，於道光十年，即他逝世的前一年，著成《醫林改錯》一書刊行。

王清任治學態度十分嚴謹，主張醫學家著書立說應建立在親自診治和萬無一失的基礎之上。他反對因循守舊，勇於實踐革新，終成名於世。《醫林改錯》一書極大地豐富了祖國醫學寶庫，此書曾被節譯成外文，對世界醫學的發展也有一定影響，西方醫學界稱王清任為中國近代解剖學家。

王清任在《醫林改錯》中訂正了古代解剖學中的許多訛謬。他對人的大腦也有新的認識，正確地提出如果腦子出了毛病，就會引起耳聾、眼瞎、鼻塞甚至死亡。在臨床實踐方面，對氣血理論作了新的發展，他認為「氣」和「血」是人體中的重要物質，主張治病要以治療氣血為主。在他治療疾病的處方中，提出「補氣活血」、「逐淤活血」兩個治療方法，這就是活血化淤的理論，迄今仍有實用價值。他創立的「血府逐淤湯」等八個方劑，療效顯著。他創立和修改古方三十三個，總結出了氣虛症狀六十種、血淤症狀五十種。創制的藥方治療範圍十分廣泛，「補陽還五湯」是治療冠心病、半身不遂的有效名方。我國醫學界至今仍沿用王清任的某些方劑，對治療腦膜炎後遺症、小兒傷寒瘟疫、吐瀉等症都有良好的效果。

王清任作為一位傑出的醫學革新家，在所著《醫林改錯》中，一是比較準確地描述了胸腹腔內臟器官、血管等解剖位置，較過去有改正，有發現；二是創活血化淤新理論擬出許多新方，在臨床上很有奇效；三是否定胎養、胎毒等陳說。

王清任是我國清代的一位注重實踐的醫學家，他對祖國醫學中的氣血理論做出了新的發展，特別是在活血化淤這方面有獨特的貢獻。他創立了很多活血逐淤方劑，注重分辨淤血的不同部位而分別給予針對性治療，他的方劑一直在中醫界受到重視，並廣泛應用於臨床，經臨床實踐驗證，療效可靠。

他的第二大理論，關於「淤血」的學說，存在兩方面的評價：一方面，在理論上，有人說他創立的淤血學說補充了中醫病機學和方藥學；但也有人認為，他在屍場對多具屍體進行了實地的考察和解剖而得出的結論，從研究方法上來講並不符合傳統的中醫認知法則，而且他所說的「淤血」，實際上應該說是「死血」，失去了生命的人，身上的血液自然不會流動。而中醫理論中所講的「淤血」，也並不都是肉眼可見的。但是在立法和用方上，大多數的醫家對其評價卻十分肯定。他在淤血症的治法上有了很大的創新，認識非常深刻，其間進行了更深透的分析，還留下了「膈下逐淤湯」、「血府逐淤湯」之類的優秀方劑。但在使用時必須辯證準確，才能使用這種方法，也不能僅限於氣血致病的學說，為醫者時時不可或忘辯證論治的原則，靈活機變，隨症加減。

雖然後世醫家對王清任的《醫林改錯》有著褒貶不一的評價，但是他肯於實地觀察，親自動手的精神值得肯定。他為醫世者留下了寶貴的資料，在淤血症的立法及方劑的創立上有著很大的學術價值。

專家品析

王清任是我國清代的一位注重實踐的醫學家，他對祖國醫學中的氣血理論做出了新的發展，特別是在活血化淤方面有獨特的貢獻。他創立了很多活血逐淤方劑，注重分辨淤血的不同部位而分別給予針對性治療，他的方劑一直在中醫界受到重視，並廣泛應用於臨床。經臨床實踐驗證，療效可靠。

科學成就

《醫林改錯》二卷，王清任撰刊於道光十年，是他實踐經驗四十二年的嘔心瀝血之作，也是我國中醫解剖學上具有重大革新意義的著作。《醫林改錯》一書極大地豐富了祖國醫學寶庫，此書曾被譯成外文，對世界醫學的發展也有一定影響，王清任被西方醫學界稱為「中國近代解剖學家」。

39 近代化學啟蒙者，自學成才譯著多

——徐壽．清

生平簡介

姓　　名	徐壽。
字	雪邨。
號	生元。
出 生 地	江蘇省無錫市郊外。
生 卒 年	一八一八至一八八四年。
身　　份	中國近代化學的啟蒙者。
主要成就	翻譯了關於蒸汽機的專著《汽機發初》。

名家推介

徐壽（1818-1884 年），字雪邨，號生元，江蘇無錫北鄉人，科學史專家公推徐壽為我國近代化學的啟蒙者。

他積極倡議設置翻譯館，在英國傳教士合作下，翻譯出版科技著作十三部，其中西方近代化學著作六部六十三卷，有《化學鑒原》、《化學鑒原續編》、《化學鑒原補編》、《化學考質》、《化學求數》、《物體通熱改易論》等，將西方近代化學知識系統地引進中國，所創造的鈉、鈣、鎳、鋅、錳、鈷、鎂等中文譯名，一直沿用至今。

名家故事

鴉片戰爭失敗的恥辱，促使清朝統治集團內部興起一陣辦洋務的熱潮。所謂洋務即是應付西方國家的外交活動，購買洋槍洋炮、兵船戰艦，還學習西方的辦法興建工廠、開發礦山、修築鐵路、辦學堂。但是，作為封建官僚權貴，洋務派大都不懂這些學問，興辦洋務，除了聘請一些洋教習外，還必須招聘和培養一些懂得西學的中國人才。洋務派的首領李鴻章就上書要求，除八股文考試之外，還應培養工藝技術人才，專門設立這一科的考試，在這種情況下，博學多才的徐壽引起了洋務派的重視，曾國藩、左宗棠、張之洞都很賞識他。

一八六一年，曾國藩在安慶開設了以研製兵器為主要內容的軍械所，他知道徐壽研精器數、博學多通，於是徵聘了徐壽和他的兒子徐建寅，以及包括華蘅芳在內的其它一些學者。

徐壽在掌握科學知識的同時，很喜歡自己動手製作各種器具，他曾在《博物新編》一書中得到一些關於蒸汽機和船用汽機方面的知識，所以徐壽等在安慶軍械所接受的第一項任務是試製機動輪船。根據書本提供的知識和對外國輪船的實地觀察，徐壽等人經過三年多的努力，終於獨立設計製造出以蒸汽為動力的木質輪船。這艘輪船命名為「黃鵠」號，是我國造船史上第一艘自己設計製造的機動輪船。為了造船需要，徐壽在此期間親自翻譯了關於蒸汽機的專著《汽機發初》，這是徐壽翻譯的第一本科技書籍，它標誌著徐壽從事翻譯工作的開始。

一八六六年年底，李鴻章、曾國藩要在上海興建主要從事軍工生產的江南機器製造總局。徐壽憑藉自己出眾的才識，被派到上海襄辦江南機器製造總局。徐壽到任後不久，根據自己的認識，提出了辦好江南機器製造總局的四項建議：「一為譯書，二為採煤煉鐵，三為自造槍炮，四為操練輪船水師。」把譯書放在首位是因為他認為，辦好這四件事，首先必須學習西方先進的科學技術，譯書不僅使更多的人學習到系統的科學技術知識，還能探求科學技術中的真諦，即科學的方法、科學的精神。正因為他熱愛科學、相信科學，在當時封建迷信盛行的社會裏，他卻成為一個無神論者。他反對迷信，從來不相信什麼算命、看風水等，家裡的婚嫁喪葬不選擇日子，有了喪事也不請和尚、道士來念經。他反對封建迷信，但也沒有像當時一些研究西學之人，跟著傳教士信奉外來的基督教，這種信念在當時的確是難能可貴的。

為了組織好譯書工作，一八六八年，徐壽在江南機器製造總局內專門設立了翻譯館，除了招聘包括傅雅蘭、偉烈亞力等幾個西方學者外，還召集了華蘅芳、季鳳蒼、王德鈞、趙元益和兒子徐建寅等略懂西學的人才。年復一年，他們共同努力，克服了層層的語言障礙，翻譯了數百種科技書籍。這些書籍反映了當時西方科學技術的基本知識、發展水準及發展動向，對於近代科學技術在我國的傳播起了很大的作用。

徐壽和他的譯書館，隨著一批批介紹國外科學技術書籍的出版發行，聲譽大增。在製造局內，徐壽對於船炮槍彈還有多項發明，例如他能自製鏹水棉花藥（硝化棉）和汞爆藥（即雷汞），這在當時確是很高明的。他還參加過一些廠礦企業的籌建規劃，這些工作使他的名氣更大了。李鴻章、丁寶偵、丁日昌等官僚都爭先以高官厚祿來邀請他去主持他們自己操辦的企業，但是徐壽都婉言謝絕了，他決心把自己的全部精力都投入到譯書和傳播科技知識的工作中去。

直到一八八四年逝世，徐壽譯著的化學書籍和工藝書籍有十三部，反映了他的主要貢獻。徐壽所譯的《化學鑒原》、《化學鑒原續編》、《化學鑒原補編》、《化學求質》、《化學求數》、《物體遇熱改易記》、《中西化學材料名日表》，加上徐建寅譯的《化學分原》，合稱化學大成，將當時西方近代無機化學、有機化學、定性分析、定量分析、物理化學以及化學實驗儀器和方法作了比較系統的介紹。徐壽的譯著合編為《西藝知新初集》、《西藝知新續集》，這一套介紹當時歐洲的工業技術的書籍被公認是當時最好的科技書籍。此外，徐壽在長期譯書中編制的《化學材料中西名目表》、《西藥大成中西名目表》對近代化學在我國的傳播發展發揮了重要作用。

專家品析

在徐壽生活的年代，要把西方的科學技術的術語用中文表達出來是項開創性的工作，做起來實在是困難重重。徐壽譯書的過程，是翻譯把書中原意講出來，徐壽理解口述的內容，用適當的漢語表達出來。幾乎全部的化學術語和大部分化學元素的名稱，在漢字裏沒有現成的名稱，這是徐壽在譯書中遇到的最大困難，為此徐壽花費了不少心血。徐壽巧妙地應用了取西文第一音節而造新字的原則來命名，例如鈉、鉀、鈣、鎳等。徐壽採用的這種命名方法，後來被我國化學界接受，一直沿用至今。

綜觀徐壽的一生，不圖科舉功名，不求顯官厚祿，勤勤懇懇地致力於引進和傳播國外先進的科學技術，對近代科學技術在我國的發展做出了不朽的貢獻，當之無愧為科學家的一生、近代化學的啟蒙者。

科學成就

徐壽引進和傳播國外先進的科學技術，他把全部心血傾注於譯書、科學教育及科學宣傳普及事業上，翻譯了關於蒸汽機的專著《汽機發初》，為了傳授科學技術知識，創建了格致書院，為中國興辦近代科學教育起了很好的示範作用。

40 創地質力學理論，成中華科技元勳

——李四光．當代

生平簡介

姓　　名	李四光。
原　　名	李仲揆。
生 卒 年	一八八九至一九七一年。
身　　份	學者、地質學家。
主要成就	著有《地質力學之基礎與方法》、《地質力學概論》。

名家推介

李四光（1889-1971 年），中國著名地質學家，湖北省黃岡縣人，蒙古族，字仲拱，原名李仲揆。曾任北京大學教授、中央研究院地質研究所所長。從事古生物學、冰川學和地質力學的研究和教學工作。

建國後，歷任中國科學院副院長、中國科學院古生物研究所所長、地質部部長、中國科學院地學部委員、中國科協主席等職。首創地質力學，後世稱他為「中國地質學之父」。

名家故事

李四光出生在湖北黃岡縣的回龍山鎮，因為他是父親的第二個兒子，所以，父親給他起名叫李仲揆。

少年時的李仲揆刻苦學習，成績一直優秀。一九〇二年，十四歲的李仲揆聽說省城辦了一所官費的高等小學堂，凡是學習好的都可以去報考，特別是聽說那裡不學「四書五經」，而是教授國文、算學，成績優秀者還能出國留學。因此，李仲揆終於說服了父母，帶著借來的幾個盤費，徒步到省城報考。

李仲揆辦理了報考手續，買了一張報名單。不知是由於太興奮、太緊張，還是沒見過世面，李仲揆提筆在姓名欄中端端正正寫下了「十四」二字，而不是「李仲揆」。「糟糕！」他差點兒叫起來，「怎麼能把年齡當成自己的名字呢。」

無論怎樣後悔，也已經晚了，重新買一張報名單吧，身上剩下的錢已經不多了，何況還要住宿、吃飯。

李仲揆雙眼注視著「十四」二字，他重新提起筆，把「十」字改成「李」字，然而，這「四」字與「仲」字的筆劃和字形卻相差太大，確實難以改成。難道還能改叫「李四」不行！不真成了人們平時說到不相干的人而代用的「張三」、「李四」了嗎！

第一次離家出門就遇到了這樣的難題，他急得鼻子尖都滲出了汗珠。忽然，眼睛一亮，瞥見大廳正中掛著一塊橫匾，上面刻著「光報四表」四個大字，李仲揆急中生智，在「四」字的下面，加上了一個「光」字。

「李四光」！李仲揆端詳著自己起的新名字，心裏充滿了勝利者的喜悅：好！四面光明，光照四方，前途大有希望！

他以第一名的成績考取了南路高等小學堂。從此，李四光便「取代」了李仲揆。他那富有戰鬥性和科學精神的一生，也正如他的名字一樣，光照四方！

年輕的李四光，曾被派往日本學造船，後派往英國改學地質，取得了地質學碩士學位。他不為國外優厚的待遇和工作所動，學成後毅然回國了。

回國後的李四光先擔任北京大學地質系教授、系主任，一九二八年又到南京擔任中央研究院地質研究所所長，後當選為中國地質學會會長。一九四九年秋新中國成立在即，正在國外的李四光被邀請擔任政協委員，得到這個消息後，他立即做好了回國準備，夫婦二人在巴塞爾買了從義大利開往香港的船票，於一九四九年十二月啟程秘密回國。

回到新中國懷抱的李四光被委以重任，先後擔任了地質部部長、中國科學院副院長、全國科聯主席、全國政協副主席等職。

李四光一生在地質科學上取得了非凡成績，其中為祖國贏得第一榮譽的就是發現了中國內地有第四紀冰川遺跡，以大量的實據，推翻了那些國內外學術權威認為在中國不存在第四紀冰川的理論。此外，李四光的最大貢獻是創立了地質力學，並以力學的觀點研究地殼運動現象，探索地質運動與礦產分佈規律，新華夏構造體系的特點，分析了中國的地質條件，說明中國的陸地一定有石油，從理論上推翻了中國貧油的結論，肯定中國具有良好的儲油條件。

李四光熱愛地質科學，從事科學研究，一向是一絲不苟的，對學生的要求也是嚴格的，連走路，也要學生練好基本功。他經常對學生說：「搞地質經常到野外去工作，腳步就是測量土地、計算岩石的尺子，要求邁出的每一步的距離都要相等，並且要記住自己每一步的步長。」

李四光要求學生做的，自己首先做到。他養成了一個習慣，走路不緊不慢，步子大小相等，邁一步就是零點八五米，不論到哪兒，他彷彿老在度量距離。

李四光搞科研，每天總是要到街上路燈通明時分，才騎著自行車回家，妻子總是焦急地等待著他回來吃飯。繁忙時，李四光連回家吃飯也忘了，妻子等急了，只得派女兒去叫他。一天，他為撰寫一篇學術論文，竟忘記天晚該回家了。他正在凝神思考時，偶而抬眼，瞅見一個小女孩靜悄悄地站在桌邊，他未加理會，又低頭繼續寫作，並輕聲催道：「你是誰家的小姑娘啊？天這麼晚了，快回家吧，不然你媽媽該等著急啦！」這時，只聽見小女孩埋怨說：「爸爸，媽媽不是等我著急，是等你在著急呀！」李四光聽到孩子叫他才恍然大悟：原來這小女孩是自己的女兒李林。他不由得笑出聲來，忙答道：「這就回家，這就回家。」

李四光晚年仍極大地關注地震研究，他經常分析大量的觀察資料，還冒著動脈瘤破裂的危險，多次深入實地考察地震的預兆。逝世的前一天，他還懇切地對醫生說：「只要再給我半年時間，地震預報的探索工作就會看到結果的。」一九七一年四月二十九日，李四光因病逝世，享年八十二歲。

專家品析

李四光是我國傑出的地質學家，地質力學的創造者和新中國地質事業的開拓者與奠基人。他以獨到的學術見解創立的地質力學，不僅圓滿地解決了各種地質構造形式的形成機制，而且成功地指導了找礦工作。

根據他的理論，中國相繼發現了大慶油田、勝利油田、大港油田等重要油田，他為中國的社會主義建設做出了卓越貢獻，在國際上他也享有很高的聲譽。

科學成就

李四光是中國地質力學的創立者。他主張用力學研究地殼現象、探索地殼運動與礦產分佈的規律，把各種構造形跡看做地應力活動的結果，從而創立了「構造體系」的基本理論。用此理論分析中國東部地質構造特點，認為新華夏構造體系的三個沉降帶具有大面積儲油層。

在地震地質工作方面，他主張在研究地質構造活動性的基礎上觀測地應力的變化，為實現地震預報指明了方向。著有《中國地質學》、《地質力學概論》、《地震地質》、《天文、地質、古生物》等。

41 炸橋揮淚斷通途，不復原橋不丈夫

——茅以升．當代

生平簡介

姓　　名　茅以升。
別　　名　茅唐臣。
出 生 地　江蘇鎮江。
生 卒 年　一八九六至一九八九年。
身　　份　土木工程學家，橋樑專家。
主要成就　主持修建錢塘江大橋。

名家推介

茅以升（1896-1989 年），字唐臣，江蘇鎮江人。土木工程學家、橋樑專家、工程教育家。二十世紀三〇年代，他主持設計並組織修建了錢塘江公路鐵路兩用大橋，成為中國鐵路橋梁史上的一個里程碑，在我國橋樑建設方面做出了突出的貢獻。

他主持我國鐵道科學研究院工作三十餘年，為鐵道科學技術進步做出了卓越的貢獻。他是積極宣導土力學學科在工程應用的開拓者，在工程教育中，始創啟發式教育法，堅持理論聯繫實際，致力教育改革，為我國培養了一大批科學技術人才。長期擔任領導工作，是中國工程學術團體的創建人之一。

名家故事

二十世紀三〇年代，正在興建中的浙贛鐵路要與滬杭鐵路銜接，需在錢塘江上架設一座大橋。一九三四年，時任錢塘江大橋橋工處處長的茅以升，受命開始主持這第一座由中國人自己修建的鋼鐵大橋工程。之前，在中國的大川大河上，雖已有一些大橋，但都是外國人造的：濟南黃河大橋是德國人修的、蚌埠淮河大橋是美國人修的、哈爾濱松花江大橋是俄國人修的……可以想像，茅以升擔負著一項前所未有的重任，他要用自己的智慧來證明中國人有能力建造現代化大橋。

錢塘江又稱錢江，地處入海口，潮水江流，洶湧澎湃，風波甚為險惡，其潮頭壁立的錢江潮與隨水流變遷無定的泥沙是建橋的兩大難題。茅以升在造橋過程中，克服了許許多多的困難，他曾採用「射水法」、「沉箱法」、「浮遠法」等，解決了建橋中的一個個技術難題，保證了大橋工程的進展。

一九三七年，大橋快要竣工之際，上海「八一三」抗戰爆發了。錢塘江大橋還未交付使用就先經受了抗日戰火的洗禮。在「八一三」的第二天，即八月十四日就有三架日軍飛機來工地轟炸，當時他正在六號橋墩水下三十米的沉箱裏和幾個工程師及監工員商量問題，忽然沉箱裏電燈全滅，一片黑暗，原來因日軍飛機轟炸，工地關閉了所有的電燈。

工程未完，戰火已燒到了錢塘江邊，此時江中的橋墩，還有一座未完工，墩上的兩孔鋼樑無法安裝，在此後的四十多天裏，建橋的工人們同仇敵愾，以極大的愛國熱情，冒著敵人炸彈爆炸的塵煙，夜以繼日地加速趕工，一九三七年九月二十六日清晨，第一列火車從大橋上通過，在通車的當日，運送大批軍火物資的列車就開始陸續從這座大橋上通過了。

此後，上海的抗戰形勢一天比一天吃緊。同年十一月十六日下午，南京工兵學校的一位教官在橋工處找到茅以升，向他出示了一份南京政府絕密檔，並簡單地介紹了當前十分嚴峻的形勢後說：「如果杭州不保，錢塘江大橋就等於是給日本人造的了！」南京政府的檔上，要求炸毀錢塘江大橋，這是不得已而為之的事。南京來人還透露，炸橋所需炸藥及爆炸器材已直接由南京運來，就在外邊的汽車上。

集兩年半心血建成的大橋，鐵路剛剛通車，就要自己親手去炸毀它，這真是一件痛心的事情，茅以升經歷著一生中最痛苦的時刻，他同工程技術人員商量和慎重考慮後，最後訂下了炸橋方案。

當天晚上，所有的炸藥就都安放到了南岸第二個橋墩內和五孔鋼樑的杆件上，一百多根引線，從一個個引爆點連接到南岸的一所房子裏，只等一聲命令，就把大橋的五孔一墩全部炸毀。

十一月十七日淩晨，茅以升接到當時的浙江省政府的命令，因大量難民湧入杭州，渡船根本不夠用，錢塘江大橋公路部分必須於當天全面通車。浙江省政府此時也不知道大橋上剛剛裝置了炸藥，因此事是高度保密的。大橋公路的路面早在一個多月前就已竣工了，只因怕敵機轟炸，尚未開放，現在何以又叫通車呢？原來，杭州三廊廟到西興的過江義渡，平時每天就有一二萬人來往，上海戰事爆發後，過江的人更多了，渡江的船本來就不夠用，等待過江的人太多，加上戰事更緊，形勢嚴重，迫不得已省政府才決定開放大橋。當日，大橋全面通車，這一天，得到消息的人們，從杭州、寧波遠道而來，成千上萬的群眾來到六和塔下的錢塘江邊，甚至連六和塔上也都站滿了人。第一輛汽車從大橋上駛過時，兩岸數十萬群眾掌聲雷動，場面十分感人。但有誰能知道，數百公斤炸藥此時就安置在橋身上，這座由中國人自己設計施工建造的大橋在落成之日，竟然就已面臨著被炸毀的命運！

十二月二十二日，日軍進攻武康，直逼富陽，杭州危在旦夕。錢江大橋上南渡的行人更多，固不必說，而鐵路方面，上海和南京之間已不能通車，錢江大橋成了撤退的唯一通道，據當時的鐵路局估計，二十二日這一天有三百多臺機動車和超過二千節客貨車通過大橋。

第二天，日軍開始攻打杭州，當天下午一點多鐘，茅以升終於接到命令：炸橋。下午三點，炸橋的準備工作全部就緒。他站在橋頭看著橋上的黑壓壓湧過來的難民，心頭湧起對日寇無比的憤怒。傍晚五時，日軍騎兵揚起的塵煙已然隱隱可見，茅以升命令關閉大橋，禁止通行，實施爆破！

隨著一聲巨響，這條一四五三米的臥江長龍被從六處截斷。這座歷經了九百二十五天夜以繼日的緊張施工，耗資一百六十萬美元的現代化大橋，僅僅存在了八十九天。

大橋炸毀的這一天晚上，茅以升在書桌前寫下了八個字：抗戰必勝，此橋必復；並賦詩一首：鬥地風雲突變色，炸橋揮淚斷通途，五行缺火真來火，不復原橋不丈夫。

大橋炸毀後，橋工處全部撤退，茅以升帶著在錢塘江大橋建設過程中的所有圖表、文卷、相片等十四箱重要資料一起撤退。整個抗日戰爭時期，茅以升一家在躲避戰亂的路途中捨棄了許多家什，卻將這些珍貴的資料盡數保存下來，解放後移交給上海鐵路局和浙江省檔案館，成為國家重點檔案中的珍品，並為探明杭州市水文情況及建設錢江二橋節省了大量資金。抗日戰爭勝利了，茅以升又受命組織修復大橋，一九四八年三月，全部修復工程結束，錢塘江大橋又重新飛跨在錢塘江的波濤之上。

至此，茅以升主持的錢江大橋工程，前後十四年，經歷了建橋、炸橋、修橋三個時期，這是古今中外建橋史上從未有先例的事情。

專家品析

錢塘江大橋建成於抗日烽火之中，它不僅在中華民族抗擊外來侵略者的鬥爭中書寫了可歌可泣的一頁，也是我國橋樑建築史上的一座里程碑，同時它也是中國橋樑工程師的搖籃。而這座大橋經歷的一段傳奇，卻是最令人難忘的，這是茅以升一生前期關於橋樑建設最偉大的貢獻。

在社會主義建設過程中，他更是為中國做出了卓越的貢獻，為此，二〇〇八年在由中國科學技術協會組織的評選中，他和袁隆平、竺可楨等一起獲評中國十大科技傳播優秀人物。

科學成就

代表作：《中國古橋技術史》及《中國橋樑——古代至今代》、《錢塘江橋》、《武漢長江大橋》、《茅以升科普創作選集》、《茅以升文集》等。茅以升說過：「橋樑是自古有之，最普遍而又最特殊的建築物。」

42 製鹼工藝聞世界，中國化學第一人

——侯德榜・當代

生平簡介

姓　　名	侯德榜。
別　　名	侯啟榮。
出 生 地	福建省閩侯縣。
生 卒 年	一八九〇至一九七四年。
身　　份	化學家。
主要成就	著有《純鹼製造》、《製鹼工學》，創立「侯氏製鹼法」，發展小化肥工業。

名家推介

侯德榜（1890-1974 年），又名侯啟榮，字致本，福建省侯官縣風尾坡村人。中國化學家，「侯氏製鹼法」的創始人。

在中國化學工業史上，侯德榜是一位傑出的科學家，他為祖國的化學工業事業奮鬥終生，並以獨創的製鹼工藝聞名於世，他就像一塊堅硬的基石，托起了中國現代化學工業的大廈，著作有《製鹼工學》等。

名家故事

侯德榜生於清光緒十六年，一九一三年畢業於北京清華留美預備學堂，以十門功課一千分的成績被保送入美國麻省理工學院化工科學習。一九一七年畢業於美國麻省理工學院化工科，一九二一年獲哥倫比亞大學博士學位，並受范旭東的邀請離美回國，承擔起鹼廠的技術重任，從此，兩人親密合作二十餘年，為中國化工事業的發展立下了汗馬功勞。

侯德榜在鹼廠緊張的籌建工作中，從整個工藝流程設計，到土建施工，到設備安裝，他都事必躬親，嚴格把關。他成天穿著工作服，在工地上解決著一個個技術難題。一九二四年，工廠全部建成，只等試運行了。工藝設計是否合理？設備安裝是否正確？最權威的判定，就是能不能出鹼。整個流水線，分化鹽、燒灰、吸氨、碳化、烤鹼、蒸氨、動力七個部分，安裝好的設備，靜靜等著他的號令。這時的侯德榜，心情十分激動。因為他現在使用的基本原理，是「氨鹼法」，此法是比利時化學工程師蘇爾維所創，故也叫「蘇爾維法」。

這種製鹼法在當時世界上是最先進的，但是為了維護自身集團的高額利潤，蘇爾維的技術一直嚴密封鎖，侯德榜與蘇爾維的原理雖然相同，但整個工藝卻是自己潛心研究的成果，能否打破蘇爾維的技術壟斷，就在此一舉。

侯德榜深知，試運行不會一帆風順。果然開機不久，三十多米高的蒸氨塔發出巨大響聲，並開始搖晃起來，侯德榜立即採取應急措施並著手處理，直到半夜，才排除故障。沒想到乾燥鍋又出了問題，濕熱的鹼在裏面結成「大鍋巴」。

侯德榜不灰心，仔細觀察研究，聽取一線工人的意見。他憑著深厚的功底，迅速找到了原因和解決辦法。就這樣問題不斷出，又不斷解決，有的調整，有的重新設計，有的改建，漸漸地整個設備運轉趨於正常了。雪白的純鹼終於生產出來了，蘇爾維的技術壟斷，由中國人打破了。一九二六年六月，中國人生產的紅三角牌純鹼，在美國費城萬國博覽會上獲得了金獎，被譽為中國近代工業進步的象徵。

自從侯德榜打破了蘇爾維集團的技術封鎖，並在一九三二年發表了《製鹼工業》一書之後，他就成為中外化工界的知名人物。然而就在侯德榜的事業快要日上中天之時，日本帝國主義的全面侵華戰爭開始了，日本人當然了解他的價值，於是通過各種手段通知他，想與他合作。侯德榜寧肯毀掉廠子也不與日本人合作！他同另外許多有骨氣的實業家、工程技術人員一樣，決心拆遷工廠到大後方四川另起爐灶。一九三八年年初，范旭東名下的天津、南京化工廠都遷入了四川，並在五通橋建起了新的「永利鹼廠」。

一次，侯德榜得到一個消息：德國人發明了一種新的製鹼方法，它能使食鹽的轉化率高達百分之九十五，比蘇爾維法一下提高了百分之二十，而且它不會排出氯化鈣這種廢物，卻能生產出一種化肥——氯化銨。不過，此法即使在德國，技術上也不大成熟，因此只能斷斷續續地生產。侯德榜看到了希望，就去德國學習，不料他很快失望而歸，處在法西斯統治下的德國拒絕提供任何資料。

這時的侯德榜已是一個非常成熟的化工專家了，他就不信新的方法搞不出來，因為從理論上說，新方法並不神秘，關鍵是搞出新的生產工藝。這不僅是理論問題，更重要的是實踐，而在實踐中搞創新，正是侯德榜的拿手戲。

於是他下定決心，一定要和同事們自己把新工藝搞出來。從一九三九年開始，在侯德榜指導下，他們首先在物質條件較好的香港設置試驗室。一年之內，試驗五百多次，分析了二千多個樣品，使新工藝流程首先在實驗室內逐漸成熟起來。緊接著，分別在紐約、上海的外國租界進行擴大試驗。到一九四〇年，整個生產工藝全部通過試驗完成，並以一九四二年夏發表的第二版《製鹼工業》為標誌，向世人宣告「侯氏製鹼法」即聯合製鹼法的誕生。該製鹼法的成功轟動了世界，成為當時最先進的製鹼法，這也是侯德榜一生中成就的最高峰。

當解放的炮聲隆隆響遍中國大地，國民黨希望他去臺灣，美國同行以重金聘他去美任職之時，他毅然選擇了到解放區去，參加即將成立的新中國的建設。

解放後，他受到黨和政府的高度重視，擔任過化學工業部門的領導職務直至化工部副部長，成為新中國化工事業的主要奠基者之一。不僅如此，他還是一位受人尊敬的師長。早在永利鹼廠當總工程師時，他就廢除了工頭制，聘用了十幾名大學生任車間技術員，並悉心在實踐中把他們帶成各方面的專家。一個幹雜務的小孩聰明伶俐，被他看中，終於被他培養成出色的設計工程師。

一九七四年八月二十六日，侯德榜因患白血病和腦溢血，病逝於北京。在他的骨灰盒上，覆蓋著一面鮮紅的中國共產黨黨旗。

專家品析

在中國化學工業史上，有一位傑出的科學家，他為中國的化學工業事業奮鬥終生，並以獨創的製鹼工藝聞名於世界，他就像一塊堅硬的基石，托起了中國現代化學工業的大廈，這位先驅者就是被稱為「國寶」的侯德榜。

這位偉大的科學家雖然離開我們而去，但是他在科技界為人類歷史的年輪上留下了璀璨的光痕，侯德榜勤奮、創新和愛國的一生，一直在激勵後人開拓進取、共創中國的美好未來。

科學成就

侯德榜一生在化工技術上有三大貢獻：第一，揭開了蘇爾維製鹼法的秘密。第二，創立了中國人自己的製鹼工藝——侯氏製鹼法。第三，他為發展小化肥工業所做的貢獻。

43 巧手接嬰過五萬，中華婦科奠基人

——林巧稚．當代

生平簡介

姓　　名　林巧稚。

別　　名　麗咪。

出 生 地　思明縣鼓浪嶼（今福建廈門市）。

生 卒 年　一九〇一至一九八三年。

身　　份　中國醫學科學院副院長、中國科學院院士。

主要成就　乙醯膽鹼在正常分娩機制中的作用等。

名家推介

林巧稚（1901-1983 年），著名醫學家。她是北京協和醫院第一位中國籍婦產科主任及首屆中國科學院唯一的女院士。

她一生親自接生了五萬多名嬰兒。她在胎兒宮內呼吸、女性盆腔結核、婦科腫瘤、新生兒溶血症等研究方面做出了突出貢獻，是中國現代婦產科學的奠基人之一。

名家故事

一九〇一年，在福建廈門鼓浪嶼，一個男主人叫林良英的殷實之家，誕生了一個姍姍來遲的小女孩，這個小女孩就是林巧稚。

一九二〇年夏，十九歲的林巧稚已在廈門女子師範學校讀書八年，馬上就要畢業了。畢業後去向何方？在常人看來，一個女子在青春妙齡之際，正是確定「終身大事」嫁人的時機，但林巧稚卻不這麼想，她從小就不信女子不如男人，她覺得這個世界處處給男人機會，而對女子卻有種種限制，這太不公平了，她要抗爭！

一九二一年七月下旬，和家庭抗爭勝利後的林巧稚決定去北京報考協和醫學院，當時協和醫學院的淘汰制極嚴，七十五分才算及格，一門主課不及格留級，二門不及格除名，絕無補考和商量的餘地，真是「物競天擇，適者生存」，但林巧稚憑著她的苦學和聰慧「生存」下來了。

在漫漫八年學習中，林巧稚獨佔鰲頭，一路領先。當一九二九年六月畢業之時，入學的二十五人，只剩下十六個，而她高居榜首，並獲得協和醫學院的最高榮譽獎——文海獎學金，同時獲得了博士學位，她以自己的實踐向世人證明：女子比男人一點也不差！

被留下在協和醫院當住院醫師的林巧稚，選擇了婦產科，就這樣林巧稚成為協和醫院第一位女住院醫師。僅僅半年時間，她就以自己出色的表現折服了眾多同行和上司，被破格聘為總住院醫師，走完了按常人需要五年才能走完的路，緊接著在第三年她又贏得了去英國深造的機會。回國後，到一九三五年，林巧稚已成為「協和」很有名氣的主治醫生。

一九四一年，林巧稚成為「協和」第一位女主任醫師。在「協和」，就是外國人要想獲得這個職位也絕非易事。然而，憑著高超的醫技和眾人皆知的高尚醫德，在婦產科主任空缺時，院方毫不猶豫地選擇了這個中國女醫生林巧稚。

在臨床上，林巧稚把給婦女接生和護理，變成了一門精湛的藝術，凡經她的手，再難產的產婦都會化險為夷，她挽回了無數母親和孩子的生命。她在實踐中摸索的一整套技術、方法和程序，成為中國婦產科學的重要基礎。

林巧稚發現，許多的婦科疾病都是可以預防的，許多嬰幼兒的疾病都是來自先天的。因此，她極為贊成中國醫療制度中「預防為主」的基本方針，她認為單純的醫療是治表不治本，醫院只是治病的第二、第三道防線，真正的第一道防線是在預防上，在對廣大正常生活中的婦女進行普查普治上。

林巧稚在對婦科惡性腫瘤的防治上做出了特別重要的貢獻。除對子宮頸癌的防治方法之外，在她的指導下，她的學生在治療「絨毛膜上皮癌」這一高度惡性腫瘤上取得了重大突破。到八〇年代初，一期、二期絨毛膜上皮癌治癒率幾乎達百分之百；三期病人的治癒率也達到了百分之五十以上。

一九六二年年初，包頭一個女工寄來一封求救信。信中說：「她已生了四個孩子，但每個孩子出生後不幾天就全身發黃死去。現在是第五個，已懷孕七個月。」她抱著一線希望求林巧稚救孩子一命。林巧稚毅然接收了這個孕婦，待孩子生下時，果然出現上述症狀。這是典型的「新生兒溶血症」，病因是父母血型不合，林巧稚和她的治療小組，勇敢地充當了第一個向這種病衝擊的集體，他們採取給嬰兒換血的方法，把臍靜脈切開，抽出病血，注入新鮮血，終於救活了這個孩子。在此之後，他們又先後做成了幾十例「新生兒溶血症」病例，填補了中國在這一婦產科學上的空白。

林巧稚始終不忘科普工作。她知道，只有千家萬戶都懂得了最基本的科學知識，才能使人類自身生產的落後狀況獲得根本改觀。為此，她在攻克尖端病症的同時以極大的精力編寫了《家庭衛生顧問》、《家庭育兒百科全書》等通俗易懂的科普讀物，從而大大促進了這一學科在人民群眾中的普及。

「春蠶到死絲方盡」，這是對林巧稚鞠躬盡瘁的一生的真實寫照。一九八三年四月二十二日，在走完了八十二年勤奮人生之後，林巧稚病逝於北京。

林巧稚，這位生命天使，這位獲得千千萬萬婦女衷心愛戴的中國偉大女性的名字，將和她創建的事業一起永存！

專家品析

林巧稚在產房裏度過了五十多個春秋，親手迎接了五萬多條小生命來到人間，這個不曾做過母親的偉大女性被人們尊稱為「萬嬰之母」。雖然沒有自己的孩子，但林巧稚卻是最偉大的母親，她把畢生精力無私地奉獻給人民，被譽為「卓越的人民醫學家」。

她去世時輓聯上面寫著：「創婦產事業，拓道、奠基、宏圖、奮鬥、奉獻九竅丹心，春蠶絲吐盡，靜悄悄長眠去；謀母兒健康，救死、扶傷、黨業、民生，笑染千萬白髮，蠟炬淚成灰，光熠熠照人間」。

科學成就

林巧稚率先對婦產科學許多方面進行了研究，著有《乙醯膽鹼在正常分娩機制中的作用》、《二十四例良性葡萄胎及惡性葡萄胎轉移的研究》，主編《婦科腫瘤》、《農村婦幼衛生常識問答》、《家庭育兒百科大全》等，這些都是中國以往婦產科醫學史所未涉及的領域。

44 中國童魚克隆父，科研嚴謹治學精

——童第周．當代

生平簡介

姓　　名　童第周。
字　　　　蔚蓀。
出 生 地　浙江鄞縣。
生 卒 年　一九〇二至一九七九年。
身　　份　生物學家。
主要成就　文昌魚發育的實驗研究。

名家推介

童第周（1902-1979 年），字蔚孫，浙江鄞縣人。他是中國科學院首批院士，是中國卓越的生物學家、教育家。

他生前曾擔任過中國科學院副院長、動物研究所所長。他是卓越的實驗胚胎學家，中國實驗胚胎學的主要創始人，生物科學研究的傑出領導者，他是生物學界一代宗師，被稱為「中國童魚克隆之父」。

名家故事

童第周一九〇二年出生在浙江，他的父親是一個教私塾的先生，

童第周從小就跟著父親讀私塾，邊學習邊勞動。父親常常給小童第周講古人刻苦讀書的故事，講學海無涯、學習上一定要持之以恆的道理，還寫了「水滴石穿」四個字，掛在童第周的書桌旁，勉勵他好好學習，希望他將來有出息。

靠著「水滴石穿」、鐵杵也能磨成針的精神，基礎薄弱的童第周考取了效實中學三年級，只不過成績是倒數第一。一年以後，童第周從倒數第一變為順數第一，幾何成績從入學時的不及格變為一年後的一百分。後來，童第周以優異的成績考入了復旦大學，成為復旦的高才生。畢業以後，他又到比利時布魯塞爾的比京大學留學，在歐洲著名生物學者勃朗歇爾教授的指導下，開始了胚胎學的研究。

有一次做實驗，教授要求學生們設法把青蛙卵膜剝下來，這是一項難度很大的手術，青蛙卵只有小米粒大小，外面緊緊地包著三層像蛋白一樣的軟膜，因為卵小膜薄，手術只能在顯微鏡下進行。許多人都失敗了，他們一剝開卵膜，就把青蛙卵也給撕破了，只有童第周一人不聲不響地完成了這項實驗任務。

勃朗歇爾教授知道後，特地安排了一次觀察實驗，把學生們都找來看，實驗開始了，童第周不慌不忙地走到顯微鏡前，熟練地操作著。在顯微鏡下，他先用一根鋼針在卵上刺了一個小洞，於是脹得圓滾滾的青蛙卵馬上就鬆弛下來，變成扁圓形的，再用鋼鑷往兩邊輕輕一挑，青蛙卵的卵膜就從卵上順利地脫落下來了。人們看到，他像鐘錶工人那樣細心，像繡花姑娘那樣靈巧，像高明的外科醫生那樣一絲不苟，他幹得又快又俐落。「成功了！成功了！」同學們湧上去祝賀，勃朗歇爾教授更是激動萬分，這是他搞了幾年也沒有搞成的項目啊！他抑制不住內心的喜悅，連聲稱讚：「童第周真行！中國人真行！」童第周剝除青蛙卵膜手術的成功，一下子震動了歐洲的生物界。

四年之後，通過答辯，比利時的學術委員會決定授予童第周博士學位。在榮獲學位的大會上，童第周激動地說：「我是中國人，有人說中國人笨，我獲得了貴國的博士學位，至少可以說明中國人絕不比別人笨。」在場的教授紛紛點頭，有的還伸出大拇指。

一九三七年，抗日戰爭爆發，童第周謝絕了專家和同學們的挽留，毅然回到了災難深重的中國。他來到四川宜賓一個村鎮教書，在緊張的教學中始終沒有忘記搞科學研究。可是，這裏沒有科學儀器，連一架顯微鏡也沒有，沒辦法繼續開展胚胎學的研究工作。一次意外的發現給他帶來了希望：在小鎮的舊貨攤上他們看到了一架舊顯微鏡，但要價太貴，當時夫妻倆掏盡了口袋還湊不足一半，又向別人借了一些還不夠，最後只好把他們的衣服拿去典當，好不容易才買回這架舊顯微鏡。有了顯微鏡，但沒有所需要的燈光照明，還是不能進行操作。他們只好把顯微鏡搬到室外，冬天利用雪地微弱的反光，他忘記了寒冷在聚精會神地工作著。夏天烈日當頭，汗流浹背，即使汗水滴在視鏡上模糊了視線，或是風把一粒小沙子吹進了載物器，甚至佔據了整個視野……童第周仍然堅持攻關。一般說來，每一個試驗資料都要重複一二次，而他往往要重複五六次。然而，就在這簡陋的顯微鏡下，在這低矮的小土屋裏，童第周卻撰寫了一篇篇具有學術價值的論文，震驚了國內外生物界的學者。

一九七三年，在周總理的親切關懷下，童第周和他的夥伴們開始了細胞遺傳學的研究工作。他在顯微鏡下解剖，用比繡花針還細的玻璃注射針，把從鯽魚的卵細胞中取出來的遺傳因素，注射到金魚的受精卵中。金魚的卵還沒有小米粒大，做這樣的實驗該有多難啊！可是童第周成功了，結果孵化出的幼魚中，有一條魚披著金色的鱗片，長著鯽魚那樣的單尾巴，說明鯽魚的遺傳基因，已經在金魚卵中發生了作用。這種魚因為是童第周創造出來的，因此，人們叫它「童魚」。

一九七九年三月，在浙江科技大學的講臺上，他突然眩暈，從此一病不起，不久病逝。他為中國科學事業的振興，實踐了他的誓言：「願效老牛，為國捐軀！」

專家品析

世界上沒有天才，天才是用勞動換來的，要攀登生物學的高峰，需要付出更艱苦的勞動，童第周就是這樣做到的。

童第周系統地研究了在生物進化中具有重要地位的脊索動物文昌魚卵子發育的規律，精確地繪製了器官預定形成物質的分佈圖，證明了文昌魚分裂球具有一定的調整能力等，為進一步確定文昌魚在分類學上的地位提供了重要證據。這些研究成果至今是科學文獻中的精品，在國內外學術界產生了深遠的影響，開創了中國「克隆」技術的先河，童第周是中國當之無愧的「克隆之父」。

科學成就

首先，他是中國實驗胚胎學的創始人之一；其次，他證明了在未受精卵子中已經存在著器官形成物質，而且有了一定的分佈，精子的進入對此沒有決定性的影響。另外，觀察到內胚層和外胚層似乎有相當的等能性，而且吸附乳頭和感覺細胞的形成依賴於外來因素，說明了卵質對個體發育的重要性。

45 華氏定理顯天分，數學史上開拓人

——華羅庚·當代

生平簡介

姓　名　華羅庚。

出生地　江蘇金壇。

生卒年　一九一〇至一九八五年。

身　份　數學家。

主要成就　著有《堆壘素數論》、《憂選學》、《高等數學引論》、《從楊輝三角談起》等。

名家推介

華羅庚（1910-1985 年），生於江蘇金壇，卒於日本東京。中國著名數學家，中國科學院院士，美國國家科學院外籍院士。他是中國解析數論、典型群、矩陣幾何學、自守函數論和多複變函數等很多方面研究的創始人與奠基者，也是中國在世界上最有影響的數學家之一。

國際上以華氏命名的數學科研成果有「華氏定理」、「懷依—華不等式」、「華氏不等式」、「普勞威爾—加當華定理」、「華氏運算元」、「華—王方法」等。

名家故事

華羅庚十二歲進入金壇縣立初級中學學習，初一之後，便深深愛上了數學。一天，老師出了道「物不知其數」的算題。老師說，這是《孫子算經》中一道有名的算題：「今有物不知其數，三三數之剩二，五五數之剩三，七七數之剩二，問物幾何？」「二十三！」老師的話音剛落，華羅庚的答案就脫口而出。當時的華羅庚並未學過《孫子算經》，他是用如下妙法思考的：「三三數之剩二，七七數之剩二，餘數都是二，此數可能是 3×7＋2＝23，用五除之恰餘三，所以二十三就是所求之數。」在數學上華羅庚絕對是天才。

一九二五年初中畢業後，因家境貧寒，無力進入高中學習，華羅庚被迫中途輟學，回到金壇幫助父親料理雜貨鋪。他回家鄉一面幫助父親在雜貨店裡幹活、記帳，一面繼續鑽研數學。

一九三〇年，華羅庚的第一篇論文《蘇家駒之代數的五次方程序解法不能成立的理由》，在上海《科學》雜誌上發表了。一個偏僻地方的小職員竟然向大名鼎鼎的數學權威、大學教授發出了挑戰！

在清華大學擔任數學系主任的熊慶來教授，看到華羅庚這篇文章後，高興地說：「這個年輕人真不簡單，快請他到清華來！」這一年，華羅庚只有二十歲。

一九三一年夏天，華羅庚到了清華大學，在數學系當助理員。白天，他領文獻，收發信件，通知開會，還兼管圖書、打字、保管考卷，忙得不可開交。晚上，他一頭栽進圖書館，在數學文獻的浩瀚海洋裏涉珍獵寶，一天只睡四五個小時。他以驚人的毅力，只用了一年半時間，就攻下了數學專業的全部課程，還自學了英文、德文和法文。他以敏捷的才思，用英文寫了三篇數學論文，寄到國外，全部被發表。

不久，清華大學的教授會召開特別會議，通過一項決議：破格讓華羅庚這個初中畢業生作助教，給大學生們講授微積分，這在清華大學是史無前例的。

一九三六年夏天，他被保送到英國劍橋大學留學。在英國，他參加了一個有名的數論學家小組，對華林問題和哥德巴赫問題進行了深入的研究，他的研究成果十分顯著，並得出了著名的華氏定理。

在劍橋大學的兩年中，他寫了十八篇論文，先後發表在英、蘇、印度、法、德等國的雜誌上。按其成就，已經超越了博士生的要求，但因他在劍橋大學未能正式入學，因而未得到博士學位。

一九四一年，他完成了第一部著作《堆壘素數論》的手稿，他把這本手稿交給了原中央研究院數學研究所，但是沒有出版。一九四六年四月，蘇聯科學院出版了他的成名代表作《堆壘素數論》一書，其中有些論證，現在還被認為是經典佳作。

由於迫不得已，在國民黨統治的後期，華羅庚選擇了出國，在美國的四年，華羅庚先後擔任過普林斯頓大學客座講師、伊利諾大學教授等。這期間，他研究的範圍不斷擴大，「掌握了二十世紀數論的至高觀點」，並糾正了兩個歐洲數學家在二十年前所作的證明中的一個錯誤，美國同行對他的天才和成就讚歎不已。

新中國成立了，消息傳到美國，華羅庚毅然放棄了伊利諾大學終身教授的職務，以到英國講學為名，設法為全家弄到了船票。一九五〇年三月十六日，華羅庚到達北京，回到清華大學擔任教授。

回國後，華羅庚先後擔任過中國科學院數學研究所、應用數學研究所所長，中國科學技術大學副校長，中國科學院副院長等職務。他為中國的數學科學研究事業做出了重大的貢獻。他在典型域方面的研究中所引入的度量，被稱為「華羅庚度量」。一九五七年一月，他以《多複變函數典型域上的調和分析》的論文獲中國科學院自然科學一等獎。一九五七年，他的六十萬字的《數論導引》出版，在國際上引起了很大的反響。國際性數學雜誌《數學評論》高度評價說：「這是一本有價值的、重要的教科書，有點像哈代與拉伊特的《數論導引》，但在範圍上已超越了它。」據不完全統計，數十年裡華羅庚共寫了一百五十二篇數學論文、九部專著、十一本科普著作。

華羅庚除致力於數學研究外，還非常注意發現人才、培養人才。他熱心地寫文章，發表演講，向青年們傳授學習經驗。在華羅庚的精心栽培下，數學研究所不斷湧現出出類拔萃的人才。陳景潤、萬哲先、陸啟鏗、王元等有成就的數學家都是他的學生。

一九七九年十一月九日，華羅庚身穿深灰色的中山裝來到法國南錫市的南錫大學大廈禮堂，會場上色彩繽紛，氣氛熱烈。在雄壯的中華人民共和國國歌聲中，華羅庚光榮地接受了「榮譽博士」證書、勳章和紀念章。四年後的一個春日，德國施普林格出版公司出版了《華羅庚選集》。在當今國際數學界，數學家能夠出版選集的屈指可數，而外國出版社為中國數學家出版選集的，華羅庚是第一位。

專家品析

華羅庚，國際數學大師，他為中國數學的發展做出了無與倫比的貢獻。他在解析數論方面的成就尤其廣為人知，國際間頗具盛名的「中國解析數論學派」即華羅庚開創規劃學派，該學派對於質數分佈問題與哥德巴赫猜想做出了許多重大貢獻。他在多複變函數論、矩陣幾何學方面的卓越貢獻，更是影響到了世界數學的發展，也有國際上有名的「典型群中國學派」，華羅庚先生在多複變函數論、典型群方面的研究領先西方數學界十多年。

美國著名數學史家貝特曼著文稱：「華羅庚是中國的愛因斯坦，可以稱為全世界所有著名科學院院士。」他還被列為芝加哥科學技術博物館中當今世界八十八位數學偉人之一。

科學成就

華羅庚是中國解析數論、矩陣幾何學、典型群、自守函數論等多方面研究的創始人和開拓者。他一生為我們留下了十部巨著：《堆壘素數論》、《指數和的估價及其在數論中的應用》、《多複變函數論中的典型域的調和分析》、《數論導引》、《典型群》（與萬哲先合著）、《從單位圓談起》、《數論在近似分析中的應用》（與王元合著）、《二階兩個自變數兩個未知函數的常系數線性偏微分方程組》、《憂選學》及《計劃經濟範圍最優化的數學理論》等。

46 航太事業奠基人，兩彈一星建功勳

——錢學森．當代

生平簡介

姓　　名	錢學森。
出生地	浙江省杭州市。
生卒年	一九一一至二〇〇九年。
身　　份	科學家、火箭專家。
主要成就	著有《工程控制論》、《物理力學講義》、《星際航行概論》、《論系統工程》等。

名家推介

錢學森（1911-2009 年），漢族，浙江省杭州市人。中國共產黨優秀黨員、忠誠的共產主義戰士、享譽海內外的傑出科學家和中國航太事業的奠基人，中國兩彈一星功勳獎章獲得者。

他曾任美國麻省理工學院教授、加州理工學院教授，擔任中國人民政治協商會議第六、第七、第八屆全國委員會副主席、中國科學技術協會名譽主席、全國政協副主席等重要職務。

名家故事

從一九二三年進入北京師範大學附屬中學開始，他就立下了要用所學的科技知識報效國家的志向。一九二九年，他考入上海交通大學機械工程系學習機車製造專業，後來，受到淞滬抗戰中中國軍隊航空力量太弱的刺激，他決心改變自己的專業方向，努力掌握飛機製造的尖端技術。

一九三四年，錢學森考取清華大學公費留學生，次年九月進入美國麻省理工學院航空系學習，兩年後，他轉入美國加州理工學院航空系，成為世界著名空氣動力學教授馮·卡門的學生，先後獲得航空工程碩士學位和航空、數學博士學位。

一九三八年至一九五五年，錢學森在美國從事空氣動力學、固體力學和火箭、導彈等領域研究，並與導師共同完成高速空氣動力學問題研究課題和建立「卡門—錢近似」公式，在二十八歲時就成為世界知名的空氣動力學家。

儘管在美國有著優厚的工作和生活待遇，然而，功成名就的錢學森卻始終關心著祖國的發展。一九五五年十月，錢學森終於衝破種種阻力回到祖國。回國後，他和錢偉長合作籌建中國科學院力學研究所，並出任該所首任所長，不久後，他就全面投入到中國的火箭和導彈研製的工作。

一九五六年年初，錢學森向中共中央、國務院提出《建立我國國防航空工業的意見書》。在《意見書》中，他對發展我國的導彈事業提出了長遠規劃。同年，國務院、中央軍委根據他的建議，成立了導彈、航空科學研究的領導機構航空工業委員會，並任命他為委員。

也在這一年，錢學森受命組建中國第一個火箭、導彈研究機構——國防部第五研究院，並擔任首任院長。

從那時開始，錢學森長期擔任火箭導彈和航天器研製的技術領導職務，以他在總體、動力、制導、氣動力、結構、材料、電腦、品質控制和科技管理等領域的豐富知識，對中國火箭、導彈和航太事業的發展做出了重大貢獻，贏得了「中國航太之父」的美譽。

他主持完成了「噴氣和火箭技術的建立」規劃，參與了近程導彈、中近程導彈和中國第一顆人造地球衛星的研製，直接領導了用中近程導彈運載原子彈的「兩彈結合」試驗，參與制訂了中國第一個星際航空的發展規劃，發展建立了工程控制論和系統學等。

錢學森是舉世公認的人類航太科技的重要開創者和主要奠基人之一，是工程控制論的創始人，是二十世紀應用數學和應用力學領域的領袖人物，被稱為中國近代力學和系統工程理論與應用研究的奠基人。他在空氣動力學、航空工程、噴氣推進、工程控制論、物理力學等技術科學領域做出了開創性貢獻，著有《工程控制論》、《論系統工程》、《星際航行概論》等。

錢學森是中國科學院院士、中國工程院院士，曾獲中科院自然科學獎一等獎、國家科技進步獎特等獎、小羅克韋爾獎章和世界級科學與工程名人稱號，被國務院、中央軍委授予「國家傑出貢獻科學家」榮譽稱號，獲中共中央、國務院、中央軍委頒發的「兩彈一星」功勳獎章。

在畢生實踐著科學報國信念的奮鬥歷程中，錢學森淡泊名利，人品高潔，充分展現出一位科學大師的高尚風範。他說：「我作為一名中國的科技工作者，活著的目的就是要為人民服務。如果人民最後對我一生所做的工作表示滿意的話，那才是對我最高的獎賞。」

二〇〇九年九月十日，在中央宣傳部、中央組織部、中央統戰部、中央文獻研究室、中央黨史研究室、民政部、人力資源社會保障部、全國總工會、共青團中央、全國婦聯、解放軍總政治部等十一個部門聯合組織的「一百位為新中國成立做出突出貢獻的英雄模範人物和一百位新中國成立以來感動中國人物」評選活動中，錢學森被評為「一百位新中國成立以來感動中國人物」。

二〇〇九年十月三十一日，這位被譽為人民科學家的科學巨擘走完九十八年的人生歷程，溘然長逝。

專家品析

錢學森是為新中國成長做出無可估量貢獻的老一輩科學家團體中影響最大、功勳最為卓著的傑出代表人物，他是新中國愛國留學歸國人員中最具代表性的國家建設者，是新中國歷史上享有崇高威望的人民科學家。

二〇〇九年，他被評為「一百位新中國成立以來感動中國人物」之一；第二屆中國綠色發展高層論壇授予錢學森「中國綠色貢獻終身成就獎」。

科學成就

錢學森是新中國歷史上偉大的人民科學家，被譽為「中國航太之父」、「中國導彈之父」、「火箭之王」、「中國自動化控制之父」。中國國務院、中央軍委授予「國家傑出貢獻科學家」榮譽稱號，獲中共中央、國務院中央軍委頒發的「兩彈一星」功勳獎章。

47 研究所滿門忠烈，核武器兩彈一星

——錢三強．當代

生平簡介

姓　　名　錢三強。

原　　名　錢秉穹。

出 生 地　浙江省湖州市。

生 卒 年　一九一三至一九九二年。

身　　份　核子物理學家。

主要成就　「兩彈一星」元勳。

名家推介

錢三強（1913-1992 年），原名錢秉穹，核子物理學家，中國科學院院士，曾任浙江大學校長。

他是居里夫婦的學生，又與妻子何澤慧一同被西方稱為「中國的居里夫婦」，他是中國發展核武器的組織協調者和總設計師，中國「兩彈一星」元勳，人們稱他領導的研究所「滿門忠烈」。

名家故事

錢三強出生在書香世家，為培養錢三強，在他七歲時，父親送他

進了由蔡元培、李石曾、沈尹默等北京大學教授們創辦的子弟學校——孔德學校。錢三強在這樣的環境中，接受他們的教育，通過自己的努力，逐漸成為一個興趣廣泛的學生，對音樂、體育、美術，錢三強都特別精通。

一九二九年，錢三強在父親的支持下考入了北京大學理科預科，同時還聽本科的課程。吳有訓教授的近代物理學、薩本棟教授的電磁學吸引著錢三強，兩位學者的博學及嚴謹的治學精神也深深教育著錢三強。

一九三六年，錢三強以畢業論文九十分的優異成績畢業，經吳有訓教授的推薦，錢三強大學畢業後，便到北平研究院物理研究所著名的物理學家嚴慈濟所長的手下做一名助理員，從事分子光譜方面的研究工作。

由於學習成績優異，一九三七年九月，錢三強在導師嚴教授的引薦下，來到巴黎大學鐳學研究所居里實驗室攻讀博士學位。伊萊納·約里奧——也即居里夫人的大女兒，就是錢三強的導師。伊萊納像她的慈母居里夫人一樣，潛心於科學研究，忘我勤奮，作風嚴謹，品格高尚，待人謙和、熱忱，他在這樣一個導師的教導下學習，的確是一個難得的好機會。

錢三強的住處距實驗室較遠，每天，天濛濛亮，錢三強就起床，匆匆吃點東西，趕乘地鐵到實驗室，一直很晚才回住處。不久，他寫出三十多篇科研論文。

為了使錢三強有更多的學習機會，約里奧·居里夫人又提議，讓錢三強到她的丈夫約里奧先生主持的法蘭西學院的原子核化學研究所學習，並允許他一段時間在這裏工作，一段時間到那裏工作。在約里奧先生實驗室工作，不僅向先生學到科學技術，還學到他的科學思想、科學道德，這使錢三強受益終身。

不久，約里奧・居里夫人又邀請錢三強和她合作證明核裂變理論，在兩位導師的指導下，錢三強很快完成了博士論文——《α粒子與質子的碰撞》。一九四〇年，錢三強獲得了法國國家博士學位。

錢三強是幸運者，能在兩位世界第一流科學家的教誨下學習、工作，使他很快進入了科學研究的前沿，還使他親眼目睹了人類一次偉大的科學發現——核裂變。

一九四六年春，錢三強與他的同行合作，經過反覆實驗，終於發現了鈾核的三分裂和四分裂。這一發現不僅反映了鈾核特點，而且使人類能進一步探討核裂變的普遍性。導師約里奧驕傲地說：「這是第二次世界大戰後，他的實驗室的第一個重要的工作。」為此，一九四六年年底，錢三強榮獲法國科學院亨利・德巴微物理學獎，一九四七年升任法國國家科學研究中心研究導師。

十一年的勤奮使錢三強獲得了最高的獎賞，也贏得了留法中國人中學術水準最高的地位，在這樣優越的工作條件和生活條件下，他卻要回國。

一九四八年，錢三強找到了中共駐歐洲的負責人劉寧一，提出要求回國的心願，劉寧一鼓勵他，「回國大有作為」。錢三強也把自己要回國的打算告訴了導師約里奧。聽了學生的要求，身為法國共產黨員的約里奧滿意地說：「要是我，也會作出這樣的決定。」錢三強又去向約里奧的夫人話別。約里奧・居里夫人語重心長地說：「我倆經常講，要為科學服務，科學要為人民服務，希望你把這兩句話帶回去吧！」導師的話，成為他一生的座右銘。

一九四八年夏，錢三強帶著法國朋友的友誼和中國人民的殷切期望，回到了闊別十一年的祖國，邁上了新的里程。

中國科學院近代物理研究所成立後，錢三強先後擔任了副所長、所長職務。一九五五年，中央決定發展本國核力量後，他又成為規劃的制定人。一九五八年，他參加了蘇聯援助的原子反應堆的建設，並會聚了一大批核科學家，包括他的夫人何澤慧，他還將鄧稼先等優秀人才推薦到研製核武器的隊伍中。

為了研究一種擴散分離膜，由錢三強領導成立了攻關小組，經過四年的努力研究，成為繼美、蘇、法之後第四個能製造擴散分離膜的國家。同時成功地研製了中國第一臺大型通用電腦，成功地承擔了第一顆原子彈內爆分析和計算工作。

原子彈的整個研製過程浸透了錢三強的智慧與心血。他不僅為原子彈的研製作出了貢獻，也為中國原子能科學事業的發展嘔心瀝血，為培養中國原子能科技隊伍立下了不朽的功勳。他是中國發展核武器的組織協調者和總設計師，中國「兩彈一星」元勳，人稱他領導的研究所「滿門忠烈」。

專家品析

隨著一聲聲巨響，中國科技驕傲地屹立於世界。從原子彈到氫彈，錢三強傾注了他所有的心血，多年以後，人們用了一個分量很重的詞形容他的功績：「不可替代」。中國第一顆原子彈爆炸八個月後，法國國內第一次公開中國科學的發展狀況，巴黎一家權威科學雜誌曾這樣寫道：「中國原子能研究所的領導人，物理學家錢三強，是真正的中國原子彈之父。」

錢三強，這位中國原子能事業的奠基者，當他迎來最終的榮耀時，他卻對人們說：「請還我的本來面貌。」

科學成就

他發現重原子核三分裂和四分裂現象，並對三分裂機製作了合理解釋，深化了對裂變反應的認識，為中國原子能科學事業的創立和「兩彈」研究，創立了不朽的功勳，被譽為中國原子能科學之父。

他還為中國科學院的組建和發展，特別是建立和健全學術領導，培養科學技術人才，開展國際學術交流，組織和協調重大科研專案等方面，做出了重要貢獻。

48 開水稻雜交先河，創世界農學發明

——袁隆平．當代

生平簡介

姓　名	袁隆平。
出生地	北京。
出生日期	一九三〇年。
身　份	雜交水稻專家。
主要成就	「雜交水稻之父」、「當代神農」，解決中國人的吃飯問題。

名家推介

袁隆平，江西省德安縣人。他是中國雜交水稻育種專家，中國工程院院士。現任中國國家雜交水稻工作技術中心主任、湖南雜交水稻研究中心主任、中國農業大學客座教授、聯合國糧農組織首席顧問、湖南省科協副主席和湖南省政協副主席等職。二〇〇六年四月當選美國科學院外籍院士，被譽為「雜交水稻之父」。

名家故事

袁隆平西南農學院農學系畢業後，一九五三年被分配到偏遠落後的湘西雪峰山麓安江農校教書。在那裏，才華橫溢的袁隆平的職稱一直沒有提升，工資一直原地踏步，房子窄小陰暗。一九六〇年七月，在安江農校實習農場早稻田中，他發現了「鶴立雞群」的特異稻株，第二年認識到這是「天然雜交稻株」，他受到啟發，面對當時嚴重饑荒，他從此立志用農業科技擊敗飢餓威脅，開始了他的水稻雄性不育試驗。

一九六〇年，袁隆平從一些學報上獲悉雜交高粱、雜交玉米、無籽西瓜等，都已廣泛應用於國內外生產中。於是，袁隆平跳出了無性雜交學說圈，開始進行水稻的有性雜交試驗。在一九六四年至一九六五年兩年的水稻開花季節裏，他和助手們每天頭頂烈日，腳踩爛泥，低頭彎腰，終於在稻田裏找到了六株天然雄性不育的植株。科學資料發表在一九六六年第十七卷第四期《科學通報》上，這是中國第一次論述水稻雄性不育性的論文。

從一九六四年發現「天然雄性不育株」算起，袁隆平和助手們整整花了六年時間，先後用一千多個品種，做了三千多個雜交組合，仍然沒有培育出不育株率和不育度都達到百分之百的不育系來。在研究水稻的十多個春秋裏，袁隆平經歷了一次又一次的失敗，熬過了一次又一次的挫折，經受了一次又一次的打擊。「十年動亂」幾乎斷送了他的全部試驗成果，還好，雖然那些水稻壞了，可是袁隆平的助手事先藏了幾株雄性水稻。

一九七三年十月，袁隆平發表了題為《利用野敗選育三系的進展》的論文，正式宣告中國秈型雜交水稻「三系」配套成功，這是中國水稻育種的一個重大突破。

一九七四年，袁隆平終於將水稻種子配製成功，並組織了優勢鑒定。一九七五年又在湖南省委、省政府的支持下，獲得大面積制種成功，為次年大面積推廣作好了種子準備，使該項研究成果進入大面積推廣階段。

一九七五年冬，國務院作出了迅速擴大試種和大量推廣雜交水稻的決定，國家投入了大量人力、物力、財力，一年三代地進行繁殖制種，以最快的速度推廣。一九七六年定點示範二〇八萬畝，在全國範圍開始應用於生產，到一九八八年全國雜交稻面積一點九四億畝，占水稻面積的百分之三十九點六，而總產量占百分之十八點五。十年期間，全國累計種植雜交稻面積十二點五六億畝，累計增產稻穀一千億公斤以上，增加總產值二百八十億元，取得了巨大的經濟效益和社會效益。群眾交口稱讚靠兩「平」解決了吃飯問題，一靠黨中央政策的高水準，二靠袁隆平的雜交稻，人們用樸實的語言，說出了億萬中國農民的心裏話。

袁隆平憑著豐富的想像、敏銳的直覺和大膽的創造精神，認真總結了百年農作物育種史和二十年「三系雜交稻」育種經驗，以及他所掌握的豐富的育種材料，於一九八六年十月提出了「雜交水稻育種的戰略設想」，高瞻遠矚地設想了雜交水稻的兩個戰略發展階段，這是袁隆平雜交水稻理論發展的又一座新高峰。在袁隆平的戰略思想指引下，雜交水稻從「三系法」過渡到「兩系法」開拓了新局面。

一九八一年袁隆平的雜交水稻成果在中國獲得建國以來第一個特等發明獎之後，從一九八五至一九八八年的短短四年內，又連續榮獲了三個國際性科學大獎。國際友人稱頌這位「當代神農氏」培育的雜交水稻是中國繼指南針、火藥、造紙、活字印刷之後，對人類作出的

「第五大貢獻」。國際水稻研究所所長、印度前農業部長斯瓦米納森博士高度評價說：「我們把袁隆平先生稱為『雜交水稻之父』，因為他的成就不僅是中國的驕傲，也是世界的驕傲，他的成就給人類帶來了福音。」

專家品析

「雜交水稻之父」袁隆平，在充滿坎坷的研究道路上奮力跋涉，把綠色的夢想書寫在大地之上。在布滿荊棘的實驗叢林中嘔心瀝血，歷經無數次的挫折和失敗，為生命中彌足珍貴的雜交水稻事業無怨無悔地奮鬥一生，歷經數十載的不懈探索和艱難實踐，袁隆平終於成功了，他不僅解決了中國人的吃飯問題，而且給全人類帶來了福音。

從袁隆平身上，我們可以體會出中國科學家心憂天下、造福人類的偉大抱負，自強不息、勇攀高峰的創新精神，不畏艱辛、迎難而上的堅強意志，淡泊名利、奉獻社會的高尚情操。

科學成就

袁隆平是現代農業研究史上一位科學巨人，他對世界性的食物生產產生了極大影響。在他的領導下，來自不同研究機構和大學的數百名科學家，經過十年的合作研究，使水稻產量總體提高了百分之二十，中國的水稻產量提高了百分之五十。為幫助增加世界食物供給，他還向世界各國的科學家提供了他的知識、技術和育種材料。

參考文獻

吳新勳：《中國歷史名人傳：勞苦功高的科學家》（北京市：九州出版社，2010 年）

李迪：《中國歷史上傑出的科學家和能工巧匠》（呼和浩特市：內蒙古人民出版社，1978 年）

劉貴芹：《中國古代科學家》（北京市：北京科學技術出版社，1995 年）

杜馬：《中國古代科學家》（蘭州市：甘肅人民出版社，1995 年）

於松：《影響人類歷史發展進程的 100 位科學家》（北京市：中國致公出版社，2010 年）

昌明文庫 · 悅讀人物　A0603002

中華五千年科學家評傳

主　　編　崔振明
責任編輯　蔡雅如

發 行 人　陳滿銘
總 經 理　梁錦興
總 編 輯　陳滿銘
副總編輯　張晏瑞
編 輯 所　萬卷樓圖書股份有限公司
排　　版　菩薩蠻數位文化有限公司
印　　刷　百通科技股份有限公司
封面設計　曾詠霓

出　　版　昌明文化有限公司
桃園市龜山區中原街 32 號
電話 (02)23216565
發　　行　萬卷樓圖書股份有限公司
臺北市羅斯福路二段 41 號 6 樓之 3
電話 (02)23216565
傳真 (02)23218698
電郵 SERVICE@WANJUAN.COM.TW
大陸經銷
廈門外圖臺灣書店有限公司
　電郵 JKB188@188.COM

ISBN 978-986-93560-2-2
2016 年 8 月初版
定價：新臺幣 380 元

如何購買本書：
1. 劃撥購書，請透過以下郵政劃撥帳號：
　帳號：15624015
　戶名：萬卷樓圖書股份有限公司
2. 轉帳購書，請透過以下帳戶
　合作金庫銀行　古亭分行
　戶名：萬卷樓圖書股份有限公司
　帳號：0877717092596
3. 網路購書，請透過萬卷樓網站
　網址　WWW.WANJUAN.COM.TW
大量購書，請直接聯繫我們，將有專人為您服務。客服：(02)23216565　分機 10

國家圖書館出版品預行編目資料
中華五千年科學家評傳 / 崔振明主編. -- 初版. -- 桃園市：昌明文化出版；臺北市：萬卷樓發行, 2016.08
　面；　公分. -- (昌明文庫.悅讀人物)
ISBN 978-986-93560-2-2(平裝)
1.科學家 2.傳記 3.中國
309.92　105015450